U0921300

基于GIS的土地利用、交通与空气质量一体化

赵丽元　著

国家自然科学基金青年基金项目(51408246)资助

科学出版社
北京

内 容 简 介

土地利用形态空间布局差异是城市交通产生的根源，而交通排放污染是当前我国空气质量恶化的主要原因之一。探索城市土地利用、交通和空气质量三者之间的错综复杂关系，有助于从根源上掌握和改变交通需求的生成强度、空间分布特征，从而实现优化城市交通空间结构、减少交通排放和改善空气质量的长远目标。本书采用竞租理论、双层多目标优化理论和地理学的元胞自动机、多智能体等空间智能方法，从微观定量角度构建土地利用、交通和空气质量一体化模型。通过对三者关系进行量化、分析评估，以优化城市资源配置、提高空气质量为目标，探索土地利用空间优化策略，从而丰富城市规划系统研究理论，强化低碳规划理念，为我国传统的“定性规划”“经验拍脑袋规划”提供定量、科学的理论参考依据。

本书适合于具有一定城市规划、地理学或交通运输专业教学背景的读者，也可作为城市交通发展及土地利用研究的科研参考书籍和交通运输专业方向研究生的选修教材。

图书在版编目(CIP)数据

基于GIS的土地利用、交通与空气质量一体化 / 赵丽元著. —北京：科学出版社，2016.3

ISBN 978-7-03-047578-7

Ⅰ. ①基… Ⅱ. ①赵… Ⅲ. ①地理信息系统-应用-土地利用 ②地理信息系统-应用-交通规划 ③地理信息系统-应用-环境空气质量-空气污染监测 Ⅳ. ①F301.2-39 ②U491.1-39 ③X831-39

中国版本图书馆CIP数据核字(2016)第046608号

责任编辑：杨帅英　白　丹 / 责任校对：何艳萍

责任印制：张　伟 / 封面设计：图阅社

科学出版社 出版

北京东黄城根北街16号

邮政编码：100717

http://www.sciencep.com

北京凌奇印刷有限责任公司 印刷

科学出版社发行　各地新华书店经销

*

2016年3月第 一 版　开本：787×1092　1/16

2016年3月第一次印刷　印张：7 3/4

字数：141 000

POD定价：　99.00元

(如有印装质量问题，我社负责调换)

前　言

近年来，我国发生了大范围雾霾天气，多个大城市 PM2.5 指数濒临爆表，“无处呼吸”困扰着人们正常生活。机动车尾气排放、交通拥挤是造成上述情况的主要原因，根据城市大气污染物来源的分类统计，有 80%左右的污染物来源于交通排放。大城市空气质量下降、交通拥挤与交通事故频繁等现象日益严重。从交通理论出发，导致其主要原因在于日趋尖锐的城市交通需求与供给不平衡。而交通需求的产生取决于生产活动、生活活动和其他社会活动的发生地点与居住地点的空间背离，即城市土地利用形态空间布局的差异；并且土地利用产生交通源，而交通排放是空气质量恶化的源头之一。城市土地利用（land use）、交通（transportation）与空气质量（air quality）存在复杂的正负反馈关系，具体可以描述为：不同的城市土地利用空间分布形态是交通需求产生的根源。土地利用的布局、性质及其功能决定着交通发生量、吸引量、出行次数和距离。另外，交通可达性、出行费用等指标直接影响土地开发，从而影响其结构和空间形态。交通越便利、通达性越好的地区土地利用效率越高、开发强度越大。而交通能源消耗是造成局部环境污染和全球温室气体排放的主要来源之一。

国内外实践已表明，单纯依靠道路扩建已经难以满足日益增长的交通需求，甚至会导致小汽车拥有量急剧增加、交通拥挤、交通排放污染更加严重的恶性循环。要从根源上解决城市交通拥挤及其带来的环境污染问题，必须从调整土地利用形态与交通结构入手。当前欧美发达国家，为了适应严格的空气质量控制、环境控制以及优化城市资源分配，绝大多数城市规划部门已经把土地利用、交通和空气质量放在一起进行综合研究，实现一城一模，并反映在规划层面，为具体的城市规划决策提供科学依据。近年来，我国多个大城市已经意识到交通拥挤及交通排放污染的根源，并非仅仅在于道路规划，而且在于空间发展的不均衡。在北京城市未来发展规划中，已考虑将就业资源分散在东部的以住宅区为主的通州新城，实现北京中心东移。在规划层面，决策者已意识到两者的互动关系，但在操作层面上尚缺乏科学定量分析作为规划支撑。

尽管我国绝大多数的大中型城市都已花费大量人力财力编制总体规划，并普遍采用专业的交通软件来实现城市综合交通规划模拟分析、环境影响分析，但将土地利用、交通和空气质量一体化并用于政策实施分析的平台还处于探索阶段。城市土地利用和交通、环境学科研究的孤立性和不科学，也是影响我国环境恶化、拆建泛滥、资源浪费的重要因素。

因此，本书根据我国快速城镇化特征，从科学定量角度研究土地利用、交通和空气质量的关系，深刻剖析三系统内部变量特征，以优化城市资源配置、提高空气质量为目标，探索土地利用空间优化策略，丰富城市规划系统研究理论，强化低碳规划理念，为我国传统的“定性规划”“经验拍脑袋规划”提供定量、科学的理论参考依据，并且，我国实现城市交通与土地利用协调发展、城市蔓延有效控制、城市整体资源优化配置与交通污染减排，重要途径是推行基于低碳排放的土地利用空间布局的土地开发与交通发展策略。因此，结合我国当前规划背景，深入剖析土地利用、交通和空气质量三者之间的关系，对从根源上解决现代诸多城市病及促进城市的可持续发展具有重要意义。

作　者

2016 年 2 月

目　录

第 1 章　土地利用、交通与空气质量模型综述

1.1　土地利用交通一体化的必要性

当前，在我国主要大城市中，随着我国城市人口和机动车保有量的激增，交通拥堵、交通环境污染、交通能耗、交通安全等现象日益严重，严重影响着城市的经济建设和运转效率。城市交通拥挤、空气质量下降、环境恶化、交通事故频发，已成为制约我国城市可持续发展的主要瓶颈。交通拥堵导致的交通安全问题，已经严重影响了城市稳定健康发展，危害人民的生活。根据公安部全国道路交通事故统计数据，2005 年，我国共发生道路交通事故 450254 起，造成 98738 人死亡、469911 人受伤，直接经济损失达 18.8 亿元。在我国主要大城市中，交通拥堵非常严重，北京市、上海市中心区的高峰期车辆平均速度不到 20km/h。研究表明，当汽车的时速从 40km/h 降至 10km/h 时，燃料消耗量增加一倍，环境负荷增加 2～4 倍。导致的交通能源过多消耗，也是造成局部环境污染和全球温室气体排放的主要来源之一。早在 1996 年，上海市机动车 CO 的排放分担率就高达 61%。当前，根据我国城市大气污染物来源的分类统计，已有 80%左右的污染物来源于汽车废气。2009 年，北京市机动车尾气挥发性有机化合物（HC）、一氧化碳（CO）和氮氧化合物（NO）污染总量达 106.57 万 t，其中，私家车污染排放占总量的 85.3%，出租车占 12.4%，公交车占 2.3%（石磊，2009）。

导致交通拥堵的主要原因在于日趋尖锐的城市交通需求与供给不平衡。解决这种失衡的常规途径有两种：一是扩大交通供给，通过加强交通基础设施建设，采用先进的交通系统的组织优化与控制方法，优化交通资源利用，以缓解交通供需矛盾。国内外许多经验教训表明，交通供需不平衡已不能单独依靠扩大交通供给解决，单纯依靠修建道路等交通设施和采用传统的管理方式来解决城市交通问题，不仅成本高昂、资源浪费、环境污染严重，且效果有限，甚至会导致小汽车保有量急剧增加、交通拥挤更加严重的恶性循环；二是调整交通需求，包括限制交通出行和调整交通需求空间结构。例如，北京奥运会期间，北京交通管理部门实施机动车单双号出行来限制交通出行，从短期效果看，调整交通需求能有效限制交通需求，但随之会带来机动车数量增加等问题。从长期角度看，土地利用交通一体化研究才是调整交通需求空间结构的有效途径。

国内早期的城市规划并不重视土地利用与交通的相互关系，土地利用与交通之间的协调并不完善。以天津市为例，其中心城区快速路和主干道沿线的交通吸引点无序分布，吸引点的进出交通与中长距离交通互相干扰，交通拥堵严重。同时，新城区的用地类型单一，快速公共交通发展缓慢，导致与中心城区交通流量过大。而中心城区又面临土地开发强度大、就业岗位多、吸引范围广、流动人口多的问题，使中心城区成为全市最大的交通发生源和吸引源（郭琳，2004）。而香港是世界上人口最稠密的城市之一，在高

密度下仍然能够保持城市交通顺畅，有效控制交通污染，这与香港采用土地利用交通协调发展模式——公共交通导向发展，是分不开的。香港的成绩很大程度上归功于公共交通社区式的土地利用形态。约有 45%的人口居住在距离地铁站仅 500m 的范围内。在新界，约有 78%的就业岗位集中在 8 个位于地铁站附近的就业中心内，大型商务办公中心更是高度集中在各类公共交通工具的大型枢纽处。

目前，我国在规划体制和实践方面，均认识到了土地利用与交通一体化研究的必要性。在规划体制方面，土地利用规划和交通规划隶属于不同的规划管理部门，两个独立的体系未能将两者在编制过程中进行对接。由于交通规划始终处于土地利用规划的下位规划，土地利用规划对交通规划的指导作用得到了一定程度的体现，但是交通规划向土地利用规划反馈的内容却始终没有一个满意的案例。中国近十几年的高密度、大容量的土地开发使原有的交通设施无法满足交通量的需求，越来越多的学者对交通规划的地位提出质疑，因此，2010 年中华人民共和国住房和城乡建设部印发了《城市综合交通体系规划编制办法》，提出“综合交通规划应和土地利用规划同步编制”的要求，从体制上肯定了土地利用一体化的编制方式。在规划实践需求方面，自推进城镇化发展以来，全国城市规模都在不断扩大，经济呈高速发展态势。与此同时，城市路网向外扩张，交通出行需求量和汽车保有量急剧增加。由于过多追求量而忽略了质的要求，我国城市的发展逐渐受到交通拥挤、环境污染、能源紧张以及由此产生的严重社会问题等一系列城市病的困扰，这些都有悖于中国新型城镇化的“可持续”原则。

1.2 土地利用交通一体化概念

根本上说，城市交通需求与土地利用存在着相辅相成的关系。交通需求的产生取决于生产活动、生活活动和其他社会活动的发生地点与居住地点的空间背离，即城市土地利用形态空间布局的差异。交通需求被不同的土地利用形态决定，如工业制造、居民住宅、商业服务、政府、地铁等不同的土地利用形态将导致不同的交通需求。土地利用的布局、性质及其功能决定交通发生量、吸引量、出行次数和距离。同时，交通通过可达性、出行费用等指标直接影响土地开发的选址，从而影响土地利用结构和空间形态。交通越便利、通达性越好的地区土地利用效率越高、开发强度越大。一个发达的交通体系会改变城市结构和土地利用形态，使城市中心区人口向周围疏散，商业中心更为集中，土地利用功能划分更加明确。

土地利用交通一体化可以优化分配城市资源、提高空气质量，促进城市可持续发展。从长期城市交通的可持续发展角度调整交通需求，通过协调土地利用与交通发展可调整并优化交通需求的空间分布结构，减少交通需求量，已成为当前解决交通供给需求不平衡的重要途径之一。依靠一些辅助措施也可以达到减少交通需求目的，如高密度混合土地利用开发，公交导向的城市空间发展等政策。合理的土地利用结构与布局能够优化调整交通需求结构，从根源上诊断诱发交通拥堵的症结，并为实现交通需求管理提供良好的条件。要从深层次解决城市交通供给需求矛盾，关键在于全面深入地研究土地利用与交通的互动关系，探讨未来城市交通需求和土地利用空间布局。从城市可持续发展角度，优化城市土地空间布局和交通需求空间分布结构，以减少交通需求、缓解和预防城市交通拥堵。

在欧美发达国家，为了适应严格的空气质量控制、环境控制以及优化城市资源分配，土地利用和交通规划联系密切。早在20世纪60年代，欧美发达国家采用土地利用和交通规划一体化模型来协调、整合和模拟土地利用、交通规划和城市发展。一批先进的土地利用交通一体化模型及软件纷纷涌现。在美国，已制定相关法律以引导环境可持续发展。例如，在1991年的多式联运的交通法令中规定，交通规划必须要考虑交通运输与土地利用的相互作用。2009年，美国的一项调查表明，在47%的总人口超过20万的城市，交通规划部门都拥有土地利用与交通需求模型，而其余城市有一半正在创建或者考虑使用现有的土地和交通模型。

表1.1列举了四个已经在美国一些城市的应用开发比较流行的土地利用交通模型，包括UrbanSim、PECAS、MEPLAN和TRANUS（Clay，2008）。土地利用与交通的优化结果比较表明，土地利用与交通一体化能够有效减少交通量，便于交通、土地、环境三者的互动关系分析及相关政策制定。通过一体化模型优化未来城市土地、交通发展，能够有效地缓解并提前预防城市机动车急增带来的交通拥堵问题。

表1.1　四种交通一体化模型及其在美国城市的应用

模型	已应用城市	正在应用开发的城市
UrbanSim	俄勒冈州的尤金–斯普菲尔德都市区、犹他州盐湖城、得克萨斯州休斯敦、华盛顿州西雅图	得克萨斯州圣安东尼奥、得克萨斯州达拉斯、夏威夷檀香山、科罗拉多州丹佛市、亚利桑那州凤凰城、密歇根州底特律
PECAS	俄勒冈州	俄亥俄州、加利福尼亚州、加利福尼亚州萨克拉门托、马里兰州巴尔的摩、亚拉巴马州蒙哥马利
MEPLAN	加利福尼亚州萨克拉门托	
TRANUS	加利福尼亚州萨克拉门托、俄勒冈州	马里兰州巴尔的摩

总的来说，土地利用和交通一体化模型是指在同一模型中兼顾交通需求与土地利用模式。一体化模型的开发与运用是理论走向实践的关键之一。它可以捕捉并模拟交通系统与土地利用系统之间的相互作用，为土地开发、交通布局、城市发展政策的制定提供科学直观的依据。通过预测城市未来交通和土地发展，一体化模型能够调整城市土地利用空间结构，优化交通需求空间布局，缓解和预防交通拥堵，从而改善城市环境，为城市可持续发展奠定基础。

1.3　国内外土地利用交通一体化研究综述

1.3.1　土地利用与交通一体化方面研究现状

关于交通与土地利用的相互关系，国外研究起步早，成果丰硕，并被广泛用于大都市城市规划领域。现有的城市交通与土地利用相互关系模型主要可分为五大类：Lowry类模型，数学优化类模型，空间输入输出模型，微观仿真模型以及元胞自动机模型。各类模型的特点、代表模型及其优缺点见表 1.2。

表 1.2　国外土地利用交通一体化的主要模型

类别	性质与特点	代表性模型	优点	缺点
Lowry 类模型	模拟城市居民和社会服务活动的区位格局，定量表达土地利用间相互作用	Lowry DRAM/EMPAL HLFM LILT LUTRIM	容易获取输入数据，能够融合区位选择的各种约束条件，且模型易校正	假设研究对象地域与外界不存在人员流动，基于纯统计模型，缺乏经济原理及市场竞争机制；考虑集聚行为，不能描述个体离散选择行为，政策分析不敏感
数学优化类模型	按特定衡量指标来寻找最优土地利用和交通发展方案	基于投影优化的土地利用信息系统 POLUS	模型目标明确，能有效优化土地利用策略和交通发展政策	模型约束条件过程简单，很难准确地描述时空高度复杂的土地利用变化和交通的相互作用
空间输入输出模型	通过计算机模拟，构建输入输出变量关系模型	MEPLAN TRANUS DELTA PECAS MEPLAN 等	从空间角度描述土地利用交通变化	考虑集聚行为，无法描述个体微观行为，软件往往收费，应用技术支持较难
微观仿真模型	从微观的角度模拟土地利用与交通决策主体的行为，并通过计算机分析模拟实现	NBER HUDS MASTER IRPUD MUSSA Urbansim 等	能够有效描述土地利用与交通系统中决策个体的微观行为	模型输入数据较多，要求较高
元胞自动机模型	将土地利用划分为方格栅格元胞，根据转换规则定义元胞状态转换规则	SLEUTH 模型和 CLUE-s	土地划分为栅格，可更精确、直观描述土地利用变化	单一的元胞自动机模型，很难反映人口变化、政策，以及经济对土地利用、交通变化的影响

Lowry 类模型最早可追溯到 1964 年（Lowry，1964），提出的目的是模拟城市居民和社会服务活动的区位格局。其假设研究对象地域与外界不存在人员流动，定量表达土地利用间相互作用，包括居民区位选择模型和服务零售部门区位选择模型。最初的 Lowry 模型缺陷在于研究对象封闭，对城市行为描述简单且缺乏理论依据，对于人口区位和交通量的关系缺乏科学解释。针对原始模型的缺陷，在 Lowry 模型发表后的几十年中，不断有学者和规划人员对其进行改进和扩展。具有代表性的有：Putman 等提出的基于 Lowry 模型的 DRAM/EMPAL 模型，Alan Horowitz 的 HLFM 模型（Dowling et al.，2000），Mackett（1979，1990）的 LILT 模型，以及 William Mann（1995）的 LUTRIM 模型。这些改进和扩展模型将原始 Lowry 模型动态化，引进了空间作用理论，并能够与交通紧密结合。Lowry 类模型优点是容易获取输入数据，能够融合区位选择的各种约束条件，且校正模型简单。其缺点主要有：基于纯统计模型，缺乏经济原理及市场竞争机制；考虑集聚行为，不能描述个体离散选择行为，政策分析不敏感。

数学优化类模型是在给定条件下，按特定衡量指标来寻找最优土地利用和交通发展方案。具有代表性的有 Prastacos 的基于投影优化的土地利用信息系统 POLUS，寻求一个与工作、出行方式、服务及基本产业雇员集聚效益相关联的区位剩余价值最大化。

Arild Vold 以交通效率最大和环境污染最小为目标，构建了城市交通与土地利用系统的数学优化模型。数学优化类模型目标明确，但模型约束条件过程简单，很难准确地描述时空高度复杂的土地利用变化和交通的相互作用（Webber，1976）。

空间输入输出模型主要包括 MEPLAN（Hunt and Simmonds，1993；Hunt，1993，1994）、TRANUS（de Barra et al.，1984）、DELTA（Zhao and Chung，2006）和 PECAS（Pfaffenbichler and Shepherd，2002；Abraham and Hunt，2003）。MEPLAN 由三个主要模块组成：土地利用经济模块、交通模块和经济评估模块。TRANUS 主要用于仿真和评估交通、经济和环境政策的相互影响。DELTA 模型由六个子模块组成，包括土地发展过程、人口变化、经济增长、家庭就业位置选择和重置、就业变化情况、汽车拥有量情况以及交通方式选择模块。PECAS 主要由两个模块组成：空间发展模块和活动分配模块。采用集聚、供需均衡结构，分析区域生产和消费的各种产品流在其各自交易市场下的运作，包括交通流、商品流、服务流、劳动力等。

微观仿真模型从微观角度模拟土地利用与交通决策主体的行为，并通过计算机模拟分析实现。主要有：20 世纪 70 年代的 NBER 和 HUDS 模型（Kain，1987），英国 Mackett 开发的考虑人口增长和家庭结构变化的 MASTER 模型（Mackett，1990），仿真大城市位置和迁移决策的 IRPUD 模型，Martinez（1996）的基于个体拍卖竞价选择的土地利用均衡模型 MUSSA，以及被广泛使用的 20 世纪 90 年代末由华盛顿大学 Waddell 教授及其学生开发的 Urbansim 土地利用交通一体化开源软件（Waddell and Nourzad，2002）。Urbansim 考虑了土地利用、交通及政策一体化，是一个较为全面的城市交通与土地利用预测及分析模型。MASTER 采用蒙特卡洛随机方法来模拟一系列个体及其家庭的活动决策行为过程。

基于元胞自动机模型（Cellular Automata，CA）的土地利用交通一体化模型代表有 SLEUTH 模型（Clarke et al.，1996）和 CLUE-s 模型（Verburg et al.，1999）。它们是基于元胞自动机的用来仿真非城市土地利用（农田、森林）转变成城市土地利用（城市居民住宅、商业、工业用地）模型。单一的元胞自动机模型很难反映人口变化、政策以及经济对土地利用、交通变化的影响。近年来，智能体模型开始结合元胞自动机研究土地利用变化（Torrens，2001；Parker et al.，2003；Evans and Kelley，2004）。智能体具有自主性，在共有环境下能通过相互间通信与作用，根据环境进行决策。它通过周围相关环境假设，为达到某种优化条件，能够控制自己的决策行为。

国内城市交通和土地利用的互动关系研究起步较晚，直到 20 世纪 80 年代末、90 年代初，一些学者才开始关注。1987 年年底，中国城市规划设计研究院交通所承担了国家“七五”重点科技攻关项目“大城市综合交通体系规划模式研究”，首次探讨城市用地与交通发展关系，并系统分析了我国大城市中心区的形成原因、用地结构以及交通模式特征。范炳全和张燕萍（1993）在总结发达国家土地利用与交通的研究进展基础上，呼吁我国规划界与学术界该重视该领域的研究。2000 年，由中国城市规划设计研究院承担的国家“九五”科技攻关专题项目“土地利用/交通模式与城市机动化趋势研究”，探讨了城市机动化对城市交通系统的影响，并分析了机动化条件下我国土地利用与交通模式的选择。国内城市交通系统与城市土地利用的互动关系研究主要从定性、定量及协调关系三个方面进行阐述。

许多学者，如闫小培（2006）、杨明（2002）、陆化普（2006）、周素红（2005）等在城市交通与土地利用的互动关系方面取得了理论研究和实证研究的成果。杨吾扬（1994）从历史、人口和交通等要素探讨了北京市商业中心等级结构的形成及演化，并研究了国内区域开发的理论模式。邵德华（2002）研究了城市轨道交通对土地利用的影响，并提出轨道交通与土地一体化建设的对策建议。杨励雅等（2005）运用随机效用、灰色系统等理论构建两者互动关系的模型及算法。毛蒋兴等（2004）以广州市为例，探讨了土地利用模式与交通模式的互动机制，提出了一个建立基于交通方式合理分工的高效、节能、环保的城市交通模式。

总体来看，我国现有的土地利用交通一体化研究侧重理论方面，多为描述两系统的局部变量关系，缺乏基于两系统微观个体行为的一体化模型。而实证研究方面，土地利用多以大区域，甚至整个城市为单位，很难全面分析两系统的互动机理，也难以准确地从操作层面为政府规划决策提供参考。尽管我国学者在土地利用研究方面成果丰富，但将前沿的地理学土地利用研究与交通学结合，进而开展一体化研究尚处于起步阶段。

1.3.2 土地利用、交通和空气质量三者结合

在空气质量研究方面，我国关于交通排放与空气质量关系研究成果较多。在道路交通排放研究方面，雷伟等在对车辆道路排队试验数据采集基础上，采用微观交通仿真软件，构建了某城市交叉路口的围观仿真模型，研究了不同信号控制优化方案对交通流和交通排放的有效性①。东南大学李铁柱等（2005）探讨了城市交通污染物排放调查方法、排放因子确定方法，分析了机动车对空气污染影响。于跃等（2011）利用 DYNASMART 交通仿真技术，研究了机动车尾气排放与拥堵等级之间的关系。通过现有文献查阅，发现对空气质量方面的研究主要集中在通过交通排放指标评价当前的交通管理与控制措施的有效性。

国内在将三者结合方面，大连理工大学谭晓雨博士侧重分析土地利用对道路交通环境负荷的影响，通过揭示城市土地利用格局对道路交通环境负荷影响的单向关系，以降低城市道路交通环境负荷为目标优化城市土地利用格局②，并指出基于用地类别的交通需求模型方面，还需要更充足的数据和可能影响因素对模型给予更加精确的标定和估计。向睿从系统的角度，以土地集约、混合发展为目标，构建了城市交通能耗约束条件下的土地利用优化模型，并根据交通政策特点建立了基于交通节能减排的动力学评估模型③。

而国外对土地利用、交通和空气质量三者关系的研究，已基本实现一城一模，并制定相关法律引导环境可持续发展。例如，早在 1991 年的多式联运的交通法令中就规定：交通规划必须要考虑交通运输与土地利用的相互作用以及对空气质量的影响。美国加州

① 雷伟. 2011. 城市道路交通排放的仿真优化研究. 武汉理工大学博士学位论文.

② 谭晓雨. 2012. 基于道路交通环境负荷因素的城市土地利用格局优化研究. 大连海事大学博士论文.

③ 向睿. 2011. 交通能耗在城市绿色交通规划中的应用. 西南交通大学博士论文.

通过的首个全球变暖法案[U.S.（AB32）]提出2050年温室气体排放量低于1990年80%的目标。该目标直接促成了加利福尼亚州“可持的土地利用交通计划 SCSs”的形成，指出交通排放降低的唯一办法就是改变交通增长方式，即从低密度、小汽车导向发展向高密度、公交导向发展转变（Rodier，2009）。基于这些强制性法律法规，欧美国家城市规划部门展开了一系列关于土地利用、交通与空气质量的研究，包括一体化模型构建、对应策略、潜在经济效益、公平性分析等（Rodier et al.，2011）。

1.3.3 研究综述总结

纵观国内外土地利用与出行需求研究进展，土地利用与交通的一体化研究的主要趋势有四个方面：一是采用现代经济学相关理论，融合交通、土地利用市场竞争机制，考虑两系统参与者的个体离散选择行为，构建综合的城市交通与城市空间演化分析框架；二是与交通系统紧密结合，包括交通生成、交通分布、交通方式选择和交通分配的路网微观仿真，建立两系统的反馈机制，实现真正意义上的土地、交通一体化；三是从地理科学的角度模拟土地利用的动态演化，以模拟、预测城市发展，实现土地利用动态、交通路网演化的GIS可视化、高度信息化；四是便于融合交通、土地利用相关政策，实现对政策、相关项目的科学评估。

国内的学者们往往主要从城市微观及中观层面研究城市土地利用与交通系统之间的相互作用，建立数学模型，多数研究还处于理论阶段，往往仅着重描述两系统的局部变量关系，缺乏综合考虑两系统微观个体行为的一体化模型。而且实证研究多以大区域，甚至整个城市为单位，很难准确地描述土地利用的动态变化。针对我国发展状况，能反映城市土地及交通系统动态演化，并可用于实际政策分析的应用型、科学型土地利用交通系统一体化模型和软件还很欠缺。并且，地理和交通两学科交叉甚少，地理学者对交通理论掌握不够，而交通学者也往往忽视了地理学的一些理论以及GIS、RS等空间分析工具，尽管我国在这两个学科分别有很多显著研究成果，但能够全面综合两学科理论及其特点、采用GIS仿真平台实现城市土地利用交通发展的一体化研究尚未进入正轨。

造成我国土地利用交通一体化发展缓慢的主要原因有两个。一是数据资源缺乏。人口、社会、经济、土地、交通等统计数据是土地利用交通一体化模型的重要输入。在美国，所需要的数据基本上可以从官方网站免费下载，或者直接向统计机构和部门获取。而在我国，这些所需要的数据通常是保密级或者是有限制公开。数据的不开源性直接阻碍了我国土地利用交通一体化研究发展，这也是国内的多数研究只能停留在理论阶段的主要原因之一。二是我国土地规划管理与交通部门之间相互独立，缺乏沟通与协调。土地规划往往忽略其对交通运营的影响，而交通规划也不能预测和改变土地规划和利用状况。以上原因使得土地和交通两系统在实际决策操作中缺乏足够的协调，导致交通拥挤严重和城市无序扩张。

我国对土地利用、交通和空气质量的研究，主要侧重于通过建立系统优化模型分析土地利用空间布局对交通环境的影响。和国外相比，基本还在理论研究阶段，甚至是初级阶段，很难从科学定量角度对未来城市规划具体政策实施提供支持，这也是导致当前土地开发不合理、拆建普遍、交通线网无秩序蔓延、交通环境恶化、空气质量下降等一系列问题的重要原因。

1.4 本书的主要内容与框架

针对以上问题，本书分为七大章节，构建了元胞自动机与多智能体土地利用模型LandSys，土地利用空间分配与交通相互作用模型，面向提高空气质量的土地利用空间优化模型，并以美国佛罗里达州为例展开模型演示分析，详见图1.1。

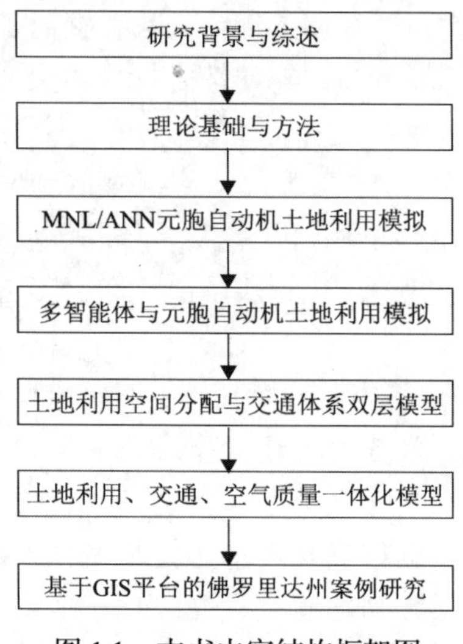

图1.1 本书内容结构框架图

第1章，介绍本书的研究背景，国内外发展情况，研究意义、目的、内容、技术路线等，为文章指明方向。

第2章，根据文献综述，介绍本书采用的主要理论与方法，包括土地利用交通一体化方法、元胞自动机模型、多智能体模型、土地利用市场竞租理论、神经网络等。

第3章，土地利用元胞自动机动态演化模型：结合现有的佛罗里达州交通需求模型框架FSUTMS及实际的GIS数据，采用元胞自动机对土地利用变化进行仿真预测。对影响土地利用动态变化的因素进行深入研究，构建土地利用动态演化模型。通过对佛罗里达州橙县的土地物理属性、土地利用空间分布、土地利用经济属性、居民与就业个体属性及其空间分布、公共交通网络、交通可达性等基本信息相关的资料与数据收集、调查与统计分析，提出基于一体化模型的数据处理、土地分类等方法，采用元胞自动机模型，分别基于多项式逻辑模型（MNL）和神经网络模型（ANN），考虑土地利用变化的空间因素并对其进行预测仿真。

第4章，元胞自动机与多智能体耦合的土地利用动态演化模型：采用多智能体模型与元胞自动机模型以描述土地利用动态演化过程。融合居民决策智能体、就业智能体、开发商智能体对土地利用变化的微观行为，构建多智能体模型。其中，每个智能体都有自己的变量和随时间变化的动态模型，并通过经济原理、竞争机制与其他智能体相互作用。通过研究用地空间物理因素、各决策主体行为（居民、就业和开发商等）、交通系统输出（交通可达性、出行费用等）与城市土地利用空间分布特性的关系，考虑经济因素和市场竞争机制，建立微观层面的土地利用动态演化模型，并进一步开发成土地利用仿真软件——LandSys，为交通模型提供必要的输入数据。

第 5 章，构建一个独特的基于时空动态的土地利用空间分配与交通系统双层微观模型。其中，上层（土地利用分配模型）和下层（交通模型）相互耦合，密切联系，从而定量分析土地利用空间分配策略与交通系统的关系，为未来的城市资源配置提供理论支持及向导，并为美国佛罗里达州的交通土地利用一体化研究奠定理论基础。

第 6 章，提出基于竞租理论的定量方法，通过探索土地利用和交通排放之间的关系来优化用地空间结构，并且改善空气质量。由于交通排放被认为是影响空气质量的决定性因素，因此空气质量可以来自交通和商业、工业活动的污染排放物共同量化。所提出的土地利用模型采用了竞租理论来描述地产市场中代理商的行为，同时考虑了环境因素的影响。通过遗传算法和 frank-wolf 算法，该模型分析了土地利用空间模式和空气污染排放之间的关系。在一个城市区域的实证案例研究中，利用所建立的模型获得了最佳土地利用模式，提高了空气质量等级。在所用到的优化情景中，用地模式在功能复合型多中心土地开发中呈现出对空气质量改善的有效性。此外，居住空间分布的结果显示该模型也可以有效描述考虑了环境影响时代理商的区位决策中的竞租原则。

第 7 章，交通（FSUTMS）-土地（LandSys）反馈模型与仿真：首先，研究土地利用空间分布与交通需求的关系，根据 FSUTMS 输入数据中用地布局、土地利用类型及开发密度的交通发生率、吸引率，实现基于栅格数据的土地划分与交通分析小区划分的转换，将土地利用动态演化模型产生的土地利用预测结果中的交通需求作为交通模型输入。同时，交通模型用于仿真从交通分析小区范围的交通出行需求到路网的路段流量分布，作为土地利用位置选择输入。实现交通-土地利用的反馈作用仿真。通过对比一体化模型前后的交通网络运营情况和土地利用空间分布特性，同时根据交通排放量计算方法，对比一体化前后交通对环境的影响，对一体化模型进行综合分析评价。

1.5 本书研究意义

土地利用产生交通源，而交通排放是空气质量恶化的源头之一。城市土地利用、交通与空气质量存在着紧密关系，具体可以描述为：不同的城市土地利用空间分布形态是交通需求的产生根源。土地利用的布局、性质及其功能决定着交通发生量、吸引量、出行次数和距离。另外，交通可达性、出行费用等指标直接影响土地开发，从而影响其结构和空间形态，即交通越便利、通达性越好的地区土地利用效率越高、开发强度越大。而交通能源消耗是造成局部环境污染和全球温室气体排放的主要来源之一。根据我国快速城镇化特征，从科学定量角度研究土地利用、交通和空气质量的关系，深刻剖析三系统内部变量特征，以优化城市资源配置、提高空气质量为目标，探索我国TOD模式、混合土地利用开发的实施策略和影响评价，可以丰富城市规划系统研究理论，强化低碳规划理念，为我国传统的“定性规划”“经验拍脑袋规划”提供定量、科学的理论参考依据。

当前，在欧美发达国家，为了适应严格的空气质量控制、环境控制以及优化城市资源分配，绝大多数城市规划部门已经把土地利用、交通和空气质量放在一起进行综合研究，实现一城一模，并反映在规划层面，为具体的城市规划决策提供科学依据（Kitamura et al.，1996；Dowling et al.，2000）。在我国，大范围的雾霾天气严重危害人们的健康。根据城市大气污染物来源的分类统计，有80%左右的污染物来源于交通排放[①]。近年来，我国多个大城市已经意识到交通拥挤及交通排放污染的根源，并非仅仅在于道路规划，而在于空间发展的不均衡。在北京城市未来发展规划中，已考虑将就业资源分散在东部的以住宅区为主的通州新城，实现北京中心东移。在规划层面，决策者已意识到两者的互动关系，但在操作层面上尚缺乏科学定量分析作为规划支撑。

尽管我国绝大多数的大中型城市都已花费大量人力财力编制总体规划，并普遍采用专业的交通软件来实现城市综合交通规划模拟分析、环境影响分析，但将土地利用、交通和空气质量一体化并用于政策实施分析的平台还处于探索阶段。城市土地利用和交通、环境学科研究的孤立性和不科学，也是影响我国环境恶化、拆建泛滥、资源浪费的重要因素。因此，本书通过构建土地利用、交通和空气质量一体化模型，提出空间优化策略及配套政策建议，从而有效控制和降低交通排放、提高空气质量。具体意义表现如下。

1）为未来土地利用空间布局规划提供科学依据

通过构建土地利用空间布局与交通系统一体化双层模型，从理论上定量分析土地利用空间分布与交通系统的关系，得到优化的土地利用空间分配策略。合理的土地利用结构与布局能够优化调整交通需求结构，从源头上诊断诱发交通拥堵的症结，并为实现交通需求管理提供良好的条件。

2）提供微观个体行为与土地利用变化的关系

从微观层面，剖析土地利用市场及交通系统的个体行为特征，探求土地市场经济因素、智能体行为、交通系统相关指标，揭示土地空间因素、各智能体行为（居民、就业部门、开发商等）、交通系统输出等与土地变化的关系。从科学定量角度出发，能够分析微观个体，如政府决策行为、土地价格变化、家庭位置选择等对土地利用变化的影响，为未来城市土地利用发展提供有利的分析工具。

3）仿真平台为土地利用、交通相关政策制定提供依据

构建仿真平台能够较好地表现土地利用与交通之间的相互关系，并便于规划者、政策制定者操作分析。为未来交通、土地相关政策制定、项目开发等提供一个预测评估分析，并能够为政府土地利用政策、交通政策进行分析，为交通规划制定以及土地利用形态调整提供依据与参考，并可为空气质量、城市交通对环境的影响等提供分析平台。对从根源上解决城市交通问题、优化城市空间结构以及实现可持续发展具有重要的现实意义。

---

① 伏晴艳. 2009. 上海市空气污染排放清单及大气中高浓度细颗粒物的形成机制. 复旦大学博士学位论文.

1.6 本章小结

土地利用交通一体化是从根源上解决城市交通供需不平衡的关键、必要途径。协调城市土地利用与交通发展，能够优化城市资源配置、控制并提高空气质量、从根源上解决城市交通拥堵，从而进一步推进城市可持续发展。

国内外关于土地利用交通相互关系研究均取得了丰硕成果。纵观国内外研究发现：基于土地与交通两系统的微观个体行为，考虑土地利用市场竞争因素，构建时空动态的土地、交通演化分析框架，并借助地理学的 GIS、RS 等空间分析工具，实现便于融合交通、土地利用相关政策分析的土地利用交通一体化仿真平台，成为当前土地利用交通一体化的主要趋势。

根据土地利用交通一体化发展主要趋势，本书首先从理论上深入剖析土地利用空间分布与交通之间的相互关系，然后基于佛罗里达州橙县的实际数据，采用元胞自动机和多智能体构建时空动态的土地利用微观模型，并进一步开发成土地利用仿真软件——LandSys，与佛罗里达州交通模型（FSUTMS）交互构建土地利用一体化仿真平台。在该仿真平台下，以佛罗里达州橙县为实例，分析交通、土地相关政策，为城市土地利用空间布局、空气质量控制与提高、城市可持续发展提供导向。

第 2 章　基本原理与方法

为准确提供交通模型的必要输入，模拟土地利用变化成为核心关键。土地利用变化是多因素在时空二维相互作用的动态过程。这一复杂的动态过程使得建立一个综合全面的模型极富挑战性。传统的模型方法，如数学优化模型、AHP 层次分析法很难准确描述城市土地利用变化的动态特性，更难体现社会经济、环境和政策等因素对土地利用变化的影响。近年来，元胞自动机、多智能体等模型已逐渐应用在土地利用变化的动态仿真中，并已取得了良好的效果。本章主要阐述了传统土地利用交通一体化模型、元胞自动机、多智能体、竞租理论和神经网络的基本概念、系统结构，以及它们在土地利用交通一体化中的应用。

2.1　土地利用交通一体化模型

土地利用/覆盖变化是由复杂的社会、生态和地球物理的相互作用而产生的（Munroe and Müller，2007）。土地利用无序演化、肆意开发导致的结果主要包括生物多样性缺失、气候恶化、环境污染、交通拥挤等。同时，不仅工业发展和人口增长导致用地需求增加外，交通的快速发展也使得交通网络沿线地区大量的农业用地转化为住宅、工业、商业用地等。相应地，由于土地利用空间格局的异构性是交通活动的根本原因之一，因此，杂乱无章的土地利用开发也会导致交通需求的迅猛增长。从交通的角度，研究土地利用变化对未来的交通规划以及可持续发展的城市交通、土地利用政策制定具有重要意义（Quade and Douglas，1998；Miller et al.，1999；Waddell et al.，2003）。基于未来的土地利用形态，规划者和相关政策决策者可以模拟在未来的土地发展情形下该采取什么样的措施，以加强土地利用变化对交通网络的良性影响而避免消极的影响。

土地利用发展与交通规划的一体化被认为是城市智能增长与可持续发展的重要手段（Quade and Douglas，1998；Wachs，2010）。交通需求是不同土地利用形态空间分布的结果。因此，研究土地利用与交通的空间作用一直受交通相关政策制定及长期可持续发展的重视。

自从 20 世纪 60 年代开始，许多土地利用交通模型用于探索两系统之间的相互作用关系（Waddell and Ulfarsson，2004；Chang and Mackett，2006）。综合文献，根据其使用方法分类，一体化模型可以分为八类：空间作用模型、空间输入输出模型、数学优化模型、微观仿真模型、离散选择模型、元胞自动机模型、多智能体行为模型以及基于投标拍卖的土地利用市场均衡模型（Waddell and Ulfarsson，2004；Chang and Mackett，2006）。与独立的交通、土地利用模型相比，一体化模型能够更好地从时间空间维上描述两系统间的关系。基于最近的调查表明（Shaw and Xin，2003），目前最受欢迎的土地利用交通一体化模型主要是自主开发的模型（占 22%）、UrbanSim（占 15%）、基于 GIS 开发模型（占 12%）以及 PECAS（占 9%）。

2.1.1 基于 TAZ 分析的一体化模型

从时空角度看，预测土地利用变化是剖析土地利用与交通空间作用的第一步骤，因为土地利用模型直接为交通模型提供将来的社会经济及人口数据，这也是交通模型的必要及重要输入变量（Waddell，2002a）。基于预测的土地利用结果，交通规划者能够通过仿真分析该采取何种措施以提高交通系统运行效率，增强对交通系统的积极影响，避免一定的消极影响。因此，土地利用模型及其预测的精度对后期的交通规划至关重要。

预测土地利用变化极具有挑战性。土地利用变化的驱动因素包括太多动态及复杂的活动及个体行为：复杂的多种空间属性及政策因素（如空间适应度、区域规划策略、土地利用及交通政策等）、多智能体的行为等（如开发商、政府决策者、家庭及就业决策者）。

在众多土地利用模型中，包括 Lowry 及 Lowery 类模型，MUSSA（Santiago 市的土地利用模型，现为 citilab 公司的 cube land 软件应用），PECAS（Production Exchange and Consumption Allocation System，生产、交易和消费分配系统），TRANUS（Integrated Land Use Transport model，一体化土地利用交通系统），TRANSIMS（Transportation Analysis and Simulation System，交通分析与仿真系统）等（Lowry，1964；Martinez，1996；Abraham and Hunt，1999；Kockelman et al.，2005；Zhou and Kockelman，2010）。这些传统模型、家庭及就业单位的分配，都根据交通分析小区的空地面积、交通可达性、城市增长边界限制、土地利用小区规划政策等因素，在交通分析小区（TAZ）范围内进行。

然而，城市交通网络输出及交通路段流量，与土地利用模型预测误差直接相关且较为敏感（Bajpai，1990）。而基于 TAZ 范围的土地利用模型，都假设对同一个 TAZ 内的所有位置的集聚指标都相同。尤其当 TAZ 很大时，该假设将导致非常不精确、不充分的信息，很难为详细的土地利用及交通分析提供准确有效的信息。此外，基于 TAZ 的土地利用变化，能够粗略地得到每个 TAZ 内多少面积转成对应的土地类型，以及该 TAZ 内变化的家庭及就业单元总量，但很难知道这些变化土地及其分布的家庭和就业单位的具体地理位置。这增加了对每个 TAZ 内部的土地利用及交通相互作用分析的困难。因此，与基于 TAZ 范围的土地利用模型相比，基于更小范围的栅格（如 50m×50m 的栅格）的土地利用模型能够更精确直观地描述土地利用变化（Iacono et al.，2008）。

2.1.2 基于离散动态的一体化模型

采用栅格网（50m×50m）进行土地利用模拟时，每个网格可以用十字交叉标记空间特征点，如图 2.1 所示，将一块土地划分成 50m×50m 的方格，要说明的是，采用栅格土地利用模型时，模型结果对栅格大小敏感，不同大小的栅格，其分析模型结果往往不同（Jenerette and Wu，2001；Moreno et al.，2008），因此，针对不同的研究范围与精度要求，必须选择合适的栅格尺寸。

近年来元胞自动机（Cellular Automata，CA）与多智能体（Multi Agents）被广泛采

用并证明能够很好地动态仿真土地利用变化（Clarke and Gaydos，1998；Li and Yeh，2002）。元胞自动机模型采用栅格来代表空间的一块土地。每个栅格被看成为一个元胞，并根据一系列规则来更新元胞状态。

元胞自动机模型的离散元胞能够准确表达复杂城市土地的动态变化过程，能够简便描述每块土地的时空特征，且易于与基于栅格的GIS地理空间数据结合。因此，与基于TAZ的土地利用模型相比，采用基于更小范围的元胞自动机能够很好地描述土地利用变化，同时也能与栅格地理数据完美结合，便于GIS的空间分析（Bone and Dragicevic，1964）。尽管如此，因为元胞自动机模型集中模拟每个栅格元胞的土地利用变化，所以对于描述土地利用变化的社会经济、个体决策行为等驱动因素比较困难。单通过元胞自动机模型，难以综合考虑土地利用变化这类因素（Waddell and Ulfarsson，2004）。为解决这一问题，Torrens（2002）提出采用多智能体模型与元胞自动机模型相结合，以综合描述土地利用变化的各方面因素。

图 2.1　土地利用栅格划分图

2.2　元胞自动机模型

元胞自动机是一个用于仿真模拟复杂系统的空间动态模型（Bone and Dragicevic，1964）。元胞自动机的特征具有开放性和灵活性、离散性和并行性、空间性、局部性①。最早在19世纪40年代，Ulam在研究一种生命系统的一种自我复制功能时，提出元胞自动机模型。随后，Von Neumann研究了其逻辑本质（White and Engelen，1993）。

元胞自动机被广泛应用于模拟城市地理空间系统（Batty，1994）。元胞自动机模型

① 徐昔保. 2007. 基于GIS与元胞自动机的城市土地利用动态演化模拟与优化研究——以兰州市为例.

用于仿真城市土地利用动态变化被许多研究学者青睐（Clarke and Gaydos，1998；Li and Yeh，2002）。其根本的原因在于：①元胞自动机能够模拟可视化的复杂空间分布过程，能够采用简单的规则即可捕捉城市扩张的复杂行为。由于它能捕捉城市复杂的时空动态特点，元胞自动机非常适用于描述引起土地利用变化的空间因素。②元胞的离散、方格特点能够动态灵活地表现对应地理位置的空间因素。与基于交通分析小区的土地利用模型相比，基于离散方格的元胞自动机模型能够更为精确地描述土地利用变化，同时也能与栅格地理数据完美结合，便于 GIS 的空间分析（Bone and Dragicevic，1964）。另外，元胞的离散、方格特点使得它能够完美结合 ArcGIS 工具，有效地利用和处理大量栅格格式的地理空间数据。

2.2.1 元胞

元胞由空间特征、时间步骤、状态集合、转换规则、邻域五个元素组成。当只考虑二维状况时，元胞的空间特征可以用任何几何形状来表示。一般在土地利用变化模拟中，一个元胞的方格对应于一块正方形土地（如本节采用的代表面积为 50m×50m）。采用正方形不仅简单直观，而且与栅格 GIS 数据吻合（图 2.2），有利于进一步的 GIS 数据处理。时间步骤用于描述元胞在时间维上的变化、间距相等。在土地利用变化预测模型中，时间步骤一般为 1 年或者 5 年，可以根据数据获取情况决定。元胞的状态为土地利用类型，如居住用地、工业用地等。严格意义上讲，在某一时刻，元胞的状态是唯一的。随着时间的变化，元胞状态也可能随之更新。元胞的时间、状态集合都是离散集，元胞 $t+1$ 时刻的状态都将根据其当前时刻 t 的状态和转换规则进行更新。

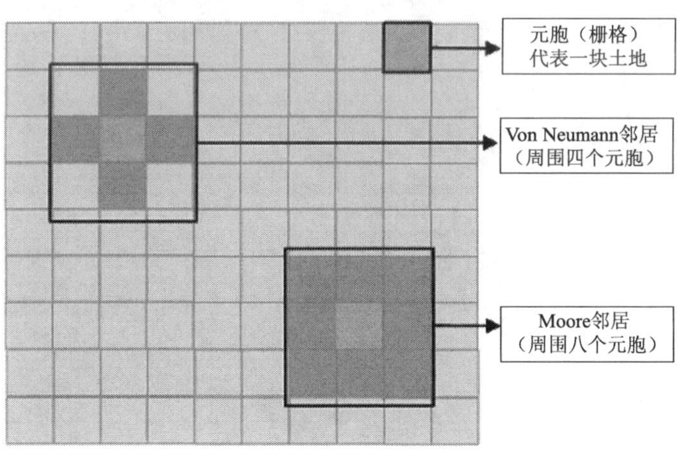

图 2.2　元胞及其邻居示意图

2.2.2 转换规则

土地利用预测模型中元胞自动机模型的转换规则是指元胞从当前状态转换到另一种状态的具体依据，通常是一个元胞当前状态 s^t 、邻居状态 N 及影响因素 Y 的函数：

$$s^{t+1} \approx f(s^t, N, Y)$$

元胞自动机土地利用模型中，转换规则一般与周边邻域的土地利用类型、元胞的交通、环境、政策等因素有关。元胞自动机的领域常有三类，Von Neumann 型、Moore 型和扩展的 Moore 型。Von Neumann 型只考虑与元胞直接相邻的上、下、左、右四个元胞，Moore 型考虑周边的八个元胞（图 2.2）。当然，在实际运用过程中，可根据模型特点自定义元胞邻居范围，如考虑 500m 以内、2000m 以内的邻居性质等。

在基于元胞自动机的土地利用模型中，通过制定不同的转换规则，或者设定一系列的约束条件，以满足不同的土地变化目标，并产生理想的城市土地利用形态结果（White and Engelen，1993；Li and Yeh，2002；Yang et al.，2008；Al-Ahmadi et al.，2009）。元胞自动机土地利用模型中，每个元胞的状态表示一种土地利用类型。元胞状态与不同的空间属性相关，每一个时间步骤下，每个元胞状态根据转换规则进行同步更新。研究表明，能够通过定义适当的转换规则，很好地模拟城市时空复杂的系统变化（Li and Yeh，2002；Wu，2002；Santé et al.，2010）。

元胞自动机的转换规则是其核心部分，转换规则的好坏直接决定了模型结果的合理性和精确度。定义转换规则的常规方法包括统计回归模型、Logit 模型、模糊逻辑、神经网络、支持向量机、多准则评估技术等（Wu，1998）。在这些方法中神经网络不仅能够减少其他模型中必需的、繁琐的参数确定评估工作，而且还降低了空间变量之间独立性条件的要求。

在大量的繁冗的复杂空间数据中，如何确定与土地利用形态变化相关的因素，并进行定量确定其转换规则，是极具有挑战性的工作。

2.3 多智能体模型

2.3.1 多智能体模型

“智能体”（Agent）的概念最初出现于 20 世纪 70 年代。与神经网络一样，智能体也是人工智能的一种，能够通过传感器感知其周围环境，并借助于执行器作用于该环境的任何事物。随着计算机网络和分布并行处理技术的发展，智能体已成为人工智能和计算机领域一个十分活跃的研究领域，并在工业、军事、交通等领域得到广泛应用（承向军，2002）。智能体是一种具有自主性、交互性、反应性和主动性等基本特征的载体（Lambin and Geist，2006），拥有一定的计算资源和控制机制，根据其自身状态和外部环境信息作出最优决定，并主导自身行为（Matthews et al.，2007）。更复杂的“多智能体”是由许多智能体一同组成的系统，是一个高度开放的智能系统。在“多智能体”系统下，为达到某个特定目标，多个智能体通过相互间的协调作用，与外界环境交互作用，可以各自做出反应决策。

Manson（2000）通过对比一系列土地利用模型（Parker et al.，2003；Matthews et al.，2007）表明，多智能体方法非常适合于描述复杂空间环境下的土地利用变化的微观个体决策行为。多智能体系统能够研究土地利用智能体的个体行为以及它们之间的相互作用

（Matthews et al.，2007）。通常，多智能体的土地利用模型主要由两个模块构成：第一部分是采用栅格元胞代替表面的一块土地，这与元胞自动机模型的构建一致；第二部分是构建基于智能体的模型，描述各智能体对土地栅格的决策行为（Manson，2000）。

在许多土地利用交通一体化模型中，多智能体也得到了广泛应用。例如，在UrbanSim中，多智能体模型被应用于描述房地产市场中家庭、开发商及政府等智能体的选择行为及它们之间的相互作用关系（Waddell，2002a）。这些房地产市场下的智能体通过一定原则，作出关于位置选择、开发等方面的决策行为，UrbanSim对这些行为进行处理、转化，使规划者、政府决策者等易于理解分析。Zhou和Kockelman（2010）提出一多智能体模型的基于块数据范围的土地利用均衡模型，考虑土地利用市场智能体的行为及其间的相互作用，包括家庭智能体、就业智能体，以及土地开发商/拥有者智能体。

2.3.2 元胞自动机与多智能体模型相结合

近年来，国内外很多地理学者广泛采纳元胞自动机模型与多智能体模型，描述土地利用动态变化。将两者结合起来，被认为能够综合表现土地利用变化的各驱动因素，以较好地预测仿真土地变化。图 2.3 显示了将元胞自动机与多智能体结合的框架图（Sudhira，2004）。

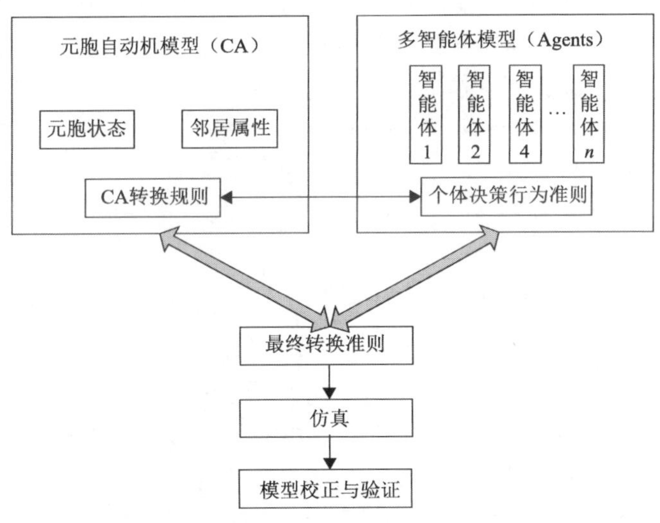

图 2.3 元胞自动机与多智能体模型结合基本框架图

元胞自动机被广泛应用于时空复杂的城市土地利用模拟（White and Engelen，1993；Batty et al.，1999），而多智能体系统主要研究土地利用智能体之间的智能行为的协调、协商、协作、竞争（Torrens，2002）。我国学者黎夏、刘小平、张鸿辉等在这方面都有显著成果。张鸿辉以多智能体系统为基础，建立城市土地资源时空配置规则，构建了时空动态的土地扩张模型，将交通可达性作为土地扩张因素之一。刘小平（2006a，2006b）根据环境学资源分配原理和可持续发展理论，提出结合多智能体及元胞自动机的微观规划模型，在时空上合理分配土地利用资源。季民河（2009）介绍了一个基于多智能体模型的土地利用决策分析框架，以及如何使用其构建和研究城市土地决策的基本要素及它们之间的互动关系，并指出考虑土地拥有者智能体的价值观，开发一个基于经济行为的综合性土地动态演化模型是未来研究的重要任务之一。将基于元胞自动机模型与家庭智能体模型的土地利用动态变化与交通一体化研究结合，提出了时空维的土地利用分配与交通一体化双层模型（Zhao and Peng，2010）。

2.4 神经网络及其在土地利用模型中的应用

2.4.1 神经网络的基本概念

人工神经网络是仿真模拟人体大脑的神经元体系结构及其操作，通过不同方式连接神经元而形成网络。

1. 神经元

生物学意义的“神经网络”中，大部分都是基于基本神经元的特别细胞，在我们的大脑中已经确认有 50～500 种不同的神经元。

和生物学意义上的基本神经元一样，人工神经网络也有基本的神经元。每个神经元有特定数量的输入，也会为每个神经元设定权重。权重是对所输入资料的重要性的一个指标。然后，神经元会根据所有输入乘以它们的权重的总和计算出权重合计值。每个神经元都有它们各自的临界值，当权重合计值大于临界值时，神经元会输出 1，相反，则输出 0。最后，输出会被传送给与该神经元连接的其他神经元继续接下来的计算。

2. 神经网络的训练学习

人工神经网络（ANNs）的一个重要技术要点是如何设定权重及临界值。设定权重及临界值方法，比较出名的包括反向传播、Delta 规则及 Kohonen 训练模式。虽然各个结构体系不同，训练的规则也不相同，但大部分规则可以分为两种：监管的及非监管的。监管方式的训练规则需要“教导”神经元特定的输入应该作出怎样的输出。然后训练规则从而调整所有需要的权重值，整个过程会一直循环直至人工神经网络正确地分析出数据。监管方式的训练模式常用的有反向传播及 Delta 规则。非监管方式的规则无需“教导”，因为它们所产生的输出会被直接审核。

3. 神经网络的体系结构

神经网络的网络种类繁多，有简单的布尔网络、复杂的自我调整网络以及热动态性网络模型等。而这些网络都遵守一个网络体系的结构标准。如图 2.4 所示，一个网络可以包括有多个神经元“层”，一般有输入层、隐藏层及输出层。输入层负责接收输入及分发到隐藏层（因为用户看不见这些层，所以叫隐藏层）。这些隐藏层负责运行所需的计算及输出结果给输出层，而用户则可以直接看到最终结果。

4. 神经网络的优缺点

神经网络具有显著的优点，广泛应用于类型分类和识别方面。很多神经网络都是模仿生物神经网络（大脑）的运作方式工作。神经网络可以处理异常的输入数据，这对于很多系统都很重要，如应用于雷达及声波定位系统。借助于神经系统科学的发展，神经网络发展迅速，既可以像人类一样准确地辨别物件，又能拥有电脑的速度。

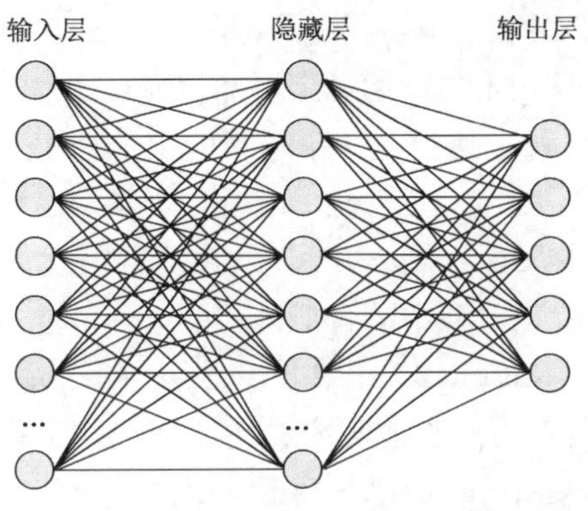

图 2.4　神经网络的基本结构图

通常，神经网络的缺点在于缺乏足够强大的计算机硬件。神经网络的能力源自于并行方式处理数据，即多进程同时处理多项数据，要使一个串行的机器模拟并行处理是非常耗时的。神经网络的另一个缺点是针对某一个问题构建网络所定义的条件往往不足，需要考虑太多因素：训练采用的算法、体系结构、每层的神经元个数、层数、数据的表现等其他更多因素。此外，神经网络的黑箱操作使得很难清楚得到输入变量和输出变量的直观关系。

2.4.2　神经网络在土地利用模型中的应用

在过去几十年中，随着人工智能迅速发展，人工神经网络技术逐渐被广泛应用于土地利用建模（Mann and Benwell，1996；Li and Yeh，2002；Kajita et al.，2005；Almeida et al.，2008；Al-Ahmadi et al.，2009；Casas，2009）。人工神经网络能够帮助地理学者解决一些用传统的统计回归方法很难解决的基于时空复杂的非线性关系、数据异常点等问题（Casas，2009）。

人工神经网络的另一优势是可以通过自适应学习捕捉输入层与输出层之间的高度复杂的非线性关系。研究表明，人工神经网络能够高度灵活地对任何数据进行关系逼近模拟（Mas et al.，2004）。

土地利用变化结果与其空间因素之间的关系通常是不规律、非线性、高度复杂的。人工神经网络已被成功应用于大区域范围的地理空间问题研究，如遥感、图像识别、地理生态、环境科学和气候变化等（Mas et al.，2004；Lein，2009）。在描述多类土地利用变化中，神经网络已经被证明能够方便地与元胞自动机模型相结合，模拟多种土地利用类型的变化（Mann and Benwell，1996；Li and Yeh，2002；Pijanowski et al.，2002）。

2.5 土地利用市场竞争机制

2.5.1 竞租理论简介

在一个综合土地利用与交通模型中，市场的供求关系已趋于主宰土地利用市场的聚集行为，并通过供给需求的相互作用结果，从而内生决定市场价格。没有考虑土地利用市场的供给需求关系的模型，无法长期稳定地捕捉城市系统的动态演变过程（Miller et al.，1999）。Miller 等（1998）指出，一个理想的土地利用交通一体化模型，应该采用现代经济学相关理论，融合交通、土地利用市场竞争机制，耦合两系统参与者的个体离散选择行为，建立两系统的反馈机制，并实现 GIS 可视化。

考虑土地利用交通一体化模型中的智能体行为，越来越多的学者采用竞租理论以描述土地利用市场均衡行为（Martinez，1992，1996；Briceño et al.，2008；Zhao and Peng，2010）。MEPLAN 模型通过不同工业和家庭的位置选择过程及其相互作用，描述土地利用市场的动态供给需求关系（Abraham and Hunt，1999）。MUSSA 模型（Martinez，1996，2007）采用竞租理论仿真城市土地市场的竞争机制，其中，土地价格通过土地市场均衡条件内生得到。在 UrbanSim 中，尽管考虑了多个智能体行为，但是土地价格不是通过市场供给需求关系来得到，而是采用回归模型生成土地利用价格，考虑回归因素主要包括土地位置、邻居属性、交通可达性、土地利用价格相关政策等（Waddell，2002a）。

最近，国外一些学者开始将基于供求理论的投标拍卖模型和市场均衡模型运用于土地利用交通一体化理论模型中。Chang 和 Mackett（2006）在基于投标拍卖的土地利用模型上，引入 N 人非合作博弈 Nash 均衡模型来描述居民住址选择行为，并与基于变分不等式的交通均衡模型构成双层一体化模型。Martinez（1992，1996）采用随机投标供求模型，将居民、就业作为土地利用市场需求者，房地产开发商作为供给方，建立了土地利用市场均衡模型。Briceño 等（2008）提出一个基于超级网络能够达到全局最优的土地利用与交通均衡模型，整合了土地利用市场中个体的投标竞价行为与马尔科夫交通均衡模型，并在此基础上，考虑了网络拥挤的土地利用交通相互作用，从理论上证明模型解的存在性与唯一性。基于微观个体行为与经济行为的土地利用交通一体化研究已成为国外研究趋势之一。

竞租理论最初在地理学中提出，用来描述房地产需求及价格与离城市中心地区距离的关系。目前，城市竞租理论在城市特征、交通成本、效用等模型方面，以及在经验检验方法方面均有拓展（康琪雪，2008）。

土地租金价格是指为使用土地所支付的价格，但是土地供给数量是固定的，因而土地租量完全取决于土地需求者之间的竞争。一般情况下，离城市商业区（CBD）近的土地利用价格往往偏高（Wheaton，1977；Shieh，2003）。如图 2.5 所示，离 CBD 越近，租金价格越高，且往往首先被商业零售业所选择。其次是工厂制造业，土地价格随与 CBD 距离增大而降低，但价格降低幅度比商业零售行业要平缓。为吸引消费者，降低运输成本，商业零售业与工业都选择偏向市中心近的位置。居民住宅位置选择，价格曲线最为平缓，随着离市中心距离增加而降低。在离市中心近的地方，土地价格往往比商业零售、工业等用地低，因此，选择范围往往比两者要广。

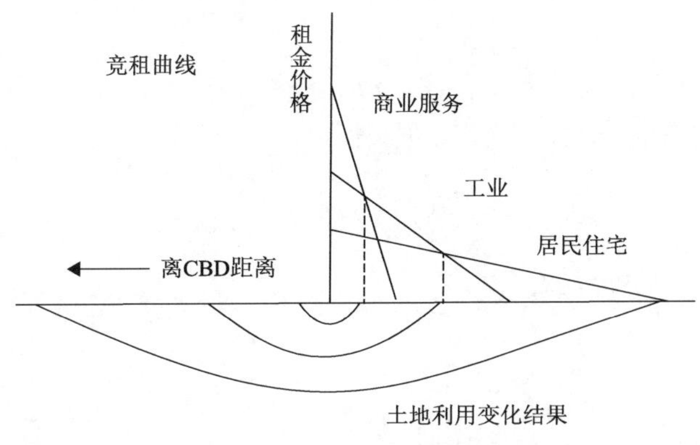

图 2.5　土地利用的竞租曲线图

2.5.2　确定型竞租理论

在确定型竞租理论中，消费者（家庭或就业公司）选择住址的原则是：最大化愿支付函数与该位置租金的差额，可表示为

$$\max_i \mathrm{CS}_{hi} = \max_i (\mathrm{WP}_{hi} - p_i) \forall h \tag{2.1}$$

式中，h为消费者类型；WP_{hi} 表示 h 类消费者对住址位置 i 的愿支付函数；p_i 为住址位置 i 的租金价格。

而对住址位置 i 的开发商（拥有者）而言，其原则是利润最大化。最终分配在住址位置 i 的消费者必须具有最大愿支付函数值。最高竞价者规则保证开发商能够获得最大利润。假设总共有 H 类消费者，则市场供给 S 中的位置 i 的租金可以表示为

$$p_i = \max_{g \in H} \mathrm{WP}_{gi} \tag{2.2}$$

因此，每个消费中从供给 S 中选择住址位置时，尽量最大化消费者愿支付函数与租金的差额，而每个开发商（拥有者）从 H 类消费者中选择最高竞价者。城市土地利用市场的均衡必须同时满足以上两个条件，可以表示为

$$\max_i \mathrm{CS}_{hi} = \max_i [\mathrm{WP}_{hi} - \max_{g \in H} \mathrm{WP}_{gi}] \quad \forall h \tag{2.3}$$

式（2.3）是确定型竞租理论的均衡表达式。实际上，不难看出，如果消费者 h 为最高竞价者，则该位置的租金价格为消费者 h 的愿支付函数值，因此 $\mathrm{CS}=0$；相反，$\mathrm{CS}<0$。因此，如果消费者 h 为某位置的最高竞价者，则该位置也是该用户的最优选择位置。

2.5.3　随机竞租理论

在随机竞租理论中，假设消费者的愿支付函数竞价函数 WP 为一随机变量，并且服从参数为 θ 的 IID Gumbel 分布，则 h 类居民为居民住宅用地元胞 i 的最高竞价者的概率可表示为

$$\mathrm{Pr}_{h/i} = \mathrm{Pr}(\mathrm{WP}_{hi} \geqslant \mathrm{WP}_{h'i}) = \frac{\exp(\theta \cdot \mathrm{WP}_{hi})}{\sum_{h'} \exp(\theta \cdot \mathrm{WP}_{h'i})} \tag{2.4}$$

对于市场供给方面，假设消费者住址位置提供给投标最高的家庭，则位置 i 的租金价格应该由最高投标的期望费用决定，可表示为

$$p_i = \frac{1}{\theta} \ln\left(\sum_h \exp(\theta \mathrm{WP}_{hi})\right) + \frac{\gamma}{\theta} \tag{2.5}$$

式中，γ 为欧几里德常数。消费者位置的最优选择，最大化愿支付函数与租金价格的差距。从而得到

$$\mathrm{Max}_{\forall i}(WP_{hi} - p_{hi})$$

则消费者选择 i 能产生最高效用的概率可表示为

$$\mathrm{Pr}_{i/h} = \frac{\exp(\theta \cdot (\mathrm{WP}_{hi} - p_i))}{\sum_i \exp(\theta \cdot (\mathrm{WP}_{hi} - p_i))} \tag{2.6}$$

因此，在随机竞租理论下，h 类消费者分配在 i 的个数可表示为 $\mathrm{Pr}_{i/h} \cdot N_h$ 或 $\mathrm{Pr}_{h/i} \cdot S_i$，其中，$N_h$ 为 h 类消费者总数，S_i 为位置 i 的供给量。

2.6 本章小结

本章介绍了后续章节用到的主要理论与方法。

通过对比传统 TAZ 模型与栅格分析（50m×50m）的土地利用模型发现，基于 TAZ 的土地利用模型能够模拟 TAZ 的家庭、就业数量，为交通提供必要的输入，但对于每个 TAZ 内部的土地利用变化，只能粗略地得到每个 TAZ 内转化成其他类型的比例，难以精确描述土地变化发生的地理位置。而基于更小范围的栅格范围的土地利用模型能够方便与 GIS 的栅格分析数据结合，更为精确、直观地分析土地利用变化，并且在为交通系统提供基于 TAZ 的输入数据时，也能够方便地整合成基于 TAZ 范围。

元胞自动机模型的方格结构能与栅格数据完美结合，通过转换规则，从时空上动态更新土地利用状态。多智能体模型能够弥补元胞自动机局限于描述空间因素的缺点，灵活地描述引起土地利用变化的各微观智能体行为。将元胞自动机与多智能体结合，能够较全面地描述基于微观层面的土地利用变化。

在土地利用交通一体化模型中，土地利用变化涉及多种类型，并非简单的城市用地—非城市用地变化。在描述多种土地利用类型变化时，元胞自动机的转换规则采用多项式逻辑模型和神经网络模型描述。神经网络能简化数据分析处理，并通过自适应学习捕捉处理变量间的时空复杂的非线性关系。

土地利用市场供求关系的描述是基于微观土地利用模型的关键。本章详细介绍了竞租理论（确定型和随机型），并将在后续章节采用随机型竞租理论，描述土地利用市场的供给关系。

第 3 章　面向一体化的元胞自动机土地利用模拟

当开发实际城市的一体化模型时，必须基于土地利用、人口、交通等实际 GIS 数据进行分析仿真，因此，需要更多的数据和基于 GIS 的平台仿真技术支持。一般来说，在针对实际城市设计一体化模型时，主要步骤有数据采集、土地利用分类、GIS 数据处理与数据库设计、基于 GIS 平台的土地利用模型设计、一体化模型设计、政策分析等。

本章通过采用美国佛罗里达州橙县（Orange County，Florida，USA）的实际 GIS 数据，构建基于 GIS 平台的实际城市土地利用模型，为后续的土地利用交通一体化模型奠定基础。土地利用变化的驱动因素包括土地空间属性和复杂的个体决策行为等因素。本章主要采用元胞自动机模型描述土地利用变化的空间属性，通过采用多项式 Logit 模型和神经网络定义元胞自动机的转换规则，以模拟仿真基于橙县实际数据的土地利用变化。

3.1　ANN 和 MNL 元胞自动机土地利用模型应用流程

本章研究区域美国佛罗里达州橙县具有人口增长迅速的显著特点，在 2000 年有 89.6 万，如果照目前人口增长的趋势，到 2050 年可能增长到 250 万①。为满足快速增长的人口需求，橙县将面临城市扩张，土地利用将从农业用地迅速开发为城市建设用地。橙县在佛罗里达州的土地利用交通一体化中具有其代表性。

将建立的土地利用模型应用到实际的案例流程图如图 3.1 所示，主要包括数据采集、数据处理和数据库设计、土地利用定量分类方法设计、土地利用模型设计、基于 GIS 平台土地利用仿真模拟。

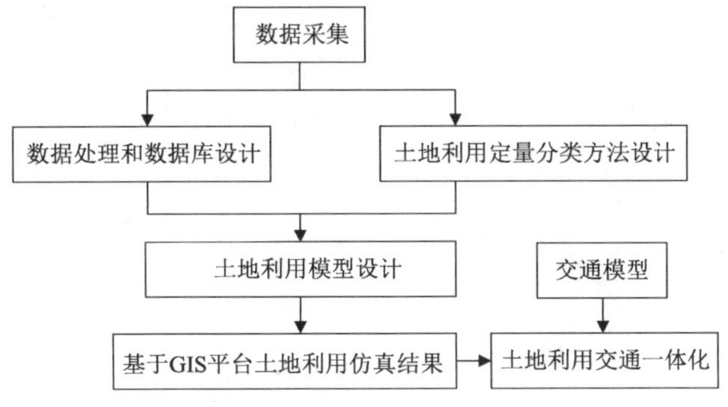

图 3.1　实际城市土地利用模型开发流程图

在土地利用的数据采集中，城市的可用数据往往比模型还重要。土地利用理论模型

① Orange County，Florida. 2010. from http://en.wikipedia.org/wiki/Orange_County，_Florida.

已经相对成熟。然而，模型对某一城市的适用性往往取决于其可用数据是否完善齐全。在本章研究中，模型应用到的 GIS 数据主要包括由美国地质调查局提供的数字高程模型文件（DEM 数据）（USGS，2009），佛罗里达州地理数据图书馆（Florida Geographic Data Library（FGDL，2009））提供的土壤数据、土地利用/覆盖数据、块数据和区域规划边界数据，美国人口统计局提供的人口统计数据，以及 FSUTMS 模型提供的交通网络相关数据（网络基本信息、交通费用、TAZ 间的行程时间等）。

图 3.2 显示了数据处理的主要流程。它采用了 Matlab 和 ArcGIS 的系列工具，进行数据读取、分析处理原始的 GIS 数据。在元胞自动机模型的数据中，包括土壤数据、DEM 数据、交通可达性数据等，采用 ArcGIS 空间分析工具，将其转化成 50m×50m 的栅格数据。在处理多智能体模型中应用到的社会经济相关属性时，由于人口普查数据都基于不规则多边形，在数据处理中，家庭相关的属性都根据不同的住宅密度，分配到现有的住宅用地元胞中；而就业指标则根据就业人数密度分配到相应的土地类型元胞中。采用上述的技术处理，在模型数据库中，将每个存在的交通需求相关用地元胞，与个体的家庭、就业信息相对应连接。

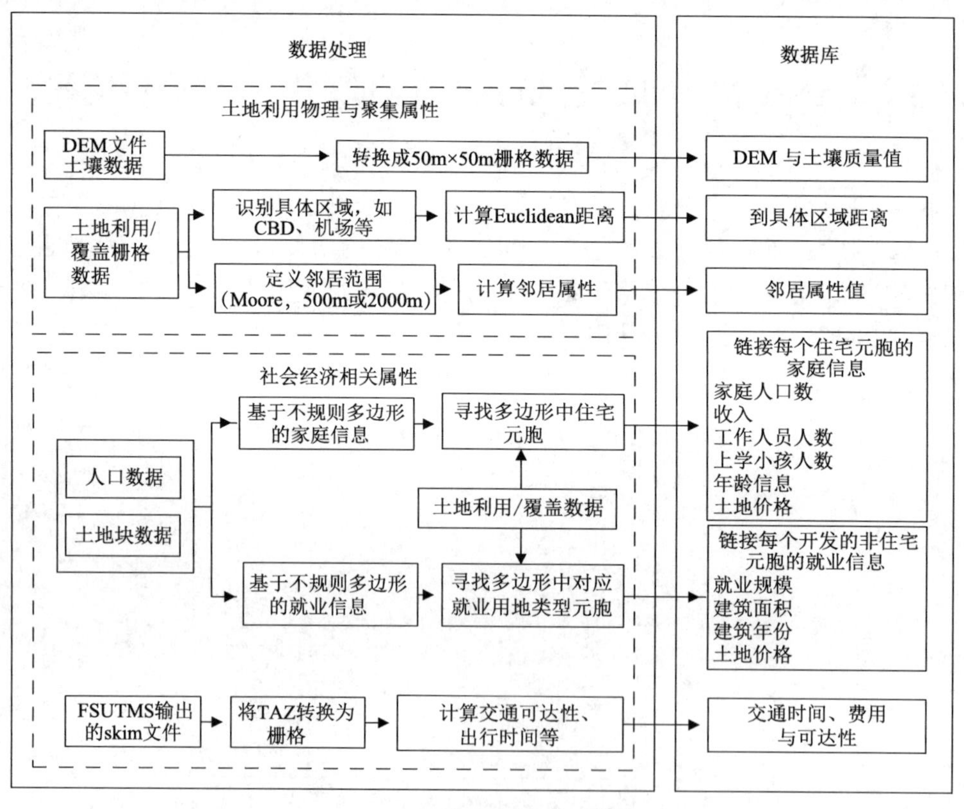

图 3.2　数据处理结构框架图

佛罗里达州橙县的交通网络相关数据，可以通过运行 FSUTMS 的佛罗里达州中部区域规划模型 CFRPM 来得到。CFRPM 由 Cube Voyager 实现，通过交通生成、分布与分配步骤得到的路段流量文件，进行处理提取得到交通网络小区间的行程时间、可达性等指标。

图 3.3 显示了橙县数据处理结果中基于 50m × 50m 栅格数据的部分空间属性 GIS 图。

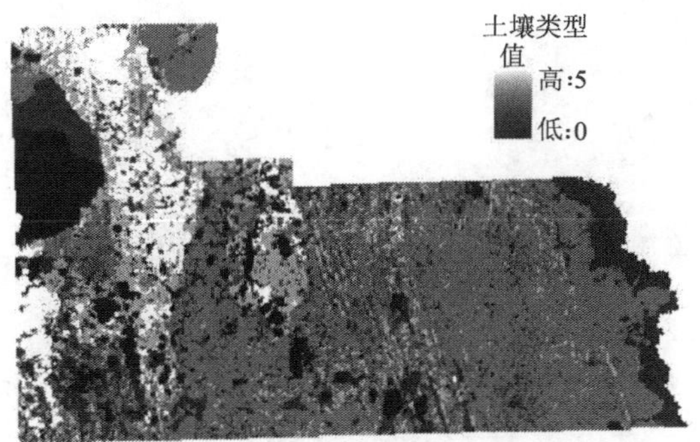

（a）土壤类型

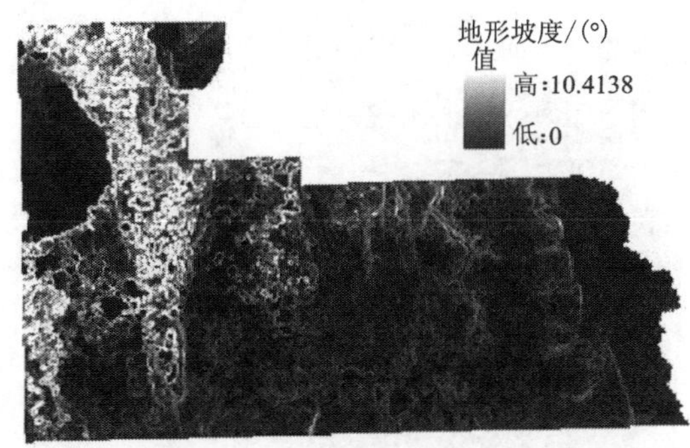

（b）地形坡度

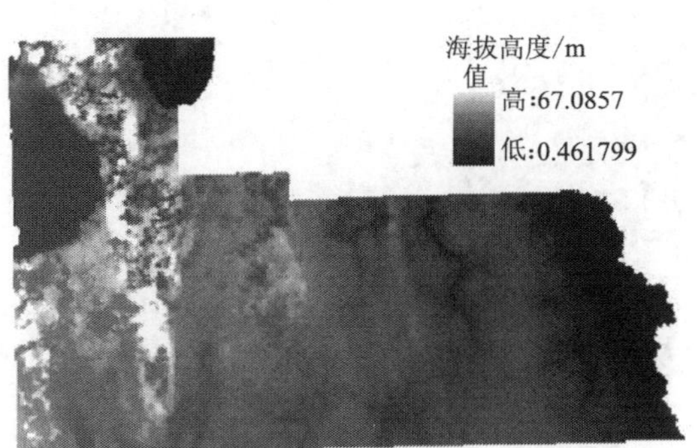

（c）海拔高度

（d）离市中心距离

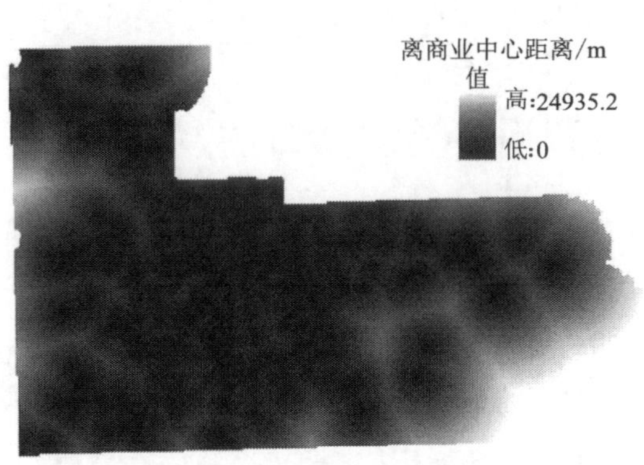

（e）离商业中心距离

（f）离学校距离

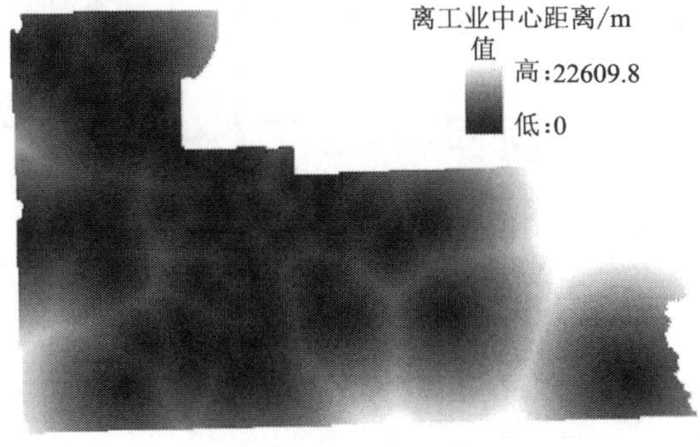

（g）离工业中心距离

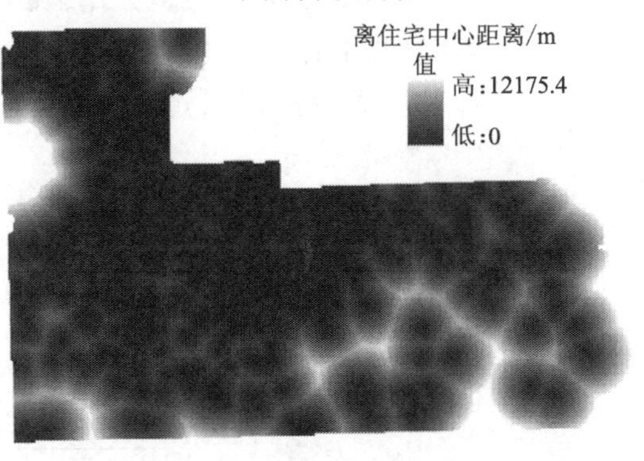

（h）离住宅中心距离

(i) 离主干道距离

(j) 离机场距离

(k) 离公交站距离

(l) 离火车站距离

图 3.3 1990 年佛罗里达州橙县部分空间属性 GIS 图

3.2 基于出行需求的土地利用分类定量方法

3.2.1 原始土地利用数据

由 1990 年与 2000 年的橙县的土地利用文件属性表可知，土地利用分类有三层：第一层包含 8 类，主要区分城市和非城市土地利用类型（表 3.1 第一列）；第二层包含 40 类（2000 年含 38 类，但基本分类一致），其中包括与交通生成相关的土地利用类型：住宅用地、工业用地、商业与服务用地和教育机构用地（表 3.1 第二列）；第三层包含 123 类，分类详细具体。考虑到第三层数据处理复杂性和第一层的分类简单不适合性，采取第二层作为以交通规划为目的的土地利用变化分析。

表 3.1 土地利用重新分类结果

第一层土地利用分类	第二层土地利用分类	类型标号	新类型
水域	海湾和河口	28	A
	湖泊	23	
	水库	20	
	小溪和水道	27	
	其他水域	7	

续表

第一层土地利用分类	第二层土地利用分类	类型标号	新类型
湿地	非草木湿地	40	D_1
	草木非森林湿地	3	D_1
	针叶林湿地	15	D_1
	混合湿地森林	18	D_1
	硬木森林湿地	9	D_2
山地森林	树种植园	26	D_1
	陆地棉针叶林	6	D_2
	山地森林	37	D_1
	旱地阔叶林	16	D_2
农业	耕地和牧场	8	D_2
	喂养厂	29	A
	葡萄园	31	D_1
	其他农村开放土地	33	D_2
	专用农场	35	D_1
	木本作物	12	D_2
贫瘠地	贫瘠土地	28	D_1
	沙滩	38	D_1
牧场	草原	17	D_1
	混合牧场	24	D_2
	灌木	2	D_2
其他特殊分类	特殊分类	4	D_2
	植被用地	5	D_1
城市建设用地	采掘用地	21	D_2
	空地	10	D_2
	商业服务	1	C
	娱乐旅游用地	11	C
	工业	32	C
	教育机构用地	25	C
	高密度住宅区	13	C
	低密度住宅区	14	C
	中密度住宅区	22	C
	交通通信	36	B
	交通路网	30	B
	交通与通信和公共事业	34	B
	交通公共设施	19	B

3.2.2 元胞和元胞尺寸

在元胞自动机土地利用模型中，将土地利用数据转换成栅格元胞时，选择合适的栅格大小（元胞尺寸），对模型的精度影响非常大。本章主要通过参考文献经验并结合交通路网转换结果，进行元胞尺寸选择。

本章通过对比 30m×30m、50m×50m、100m×100m 和 300m×300m 不同元胞尺寸下的元胞总量以及转换结果，初步结果发现：在元胞尺寸为 300m×300m 的情况下，由于元胞尺寸太大导致了“第二层”的 5 个土地类型元胞个数为 0；30m×30m 元胞总量过大，而在 50m×50m 和 100m×100m 时，总栅格数目分别为 1039045 和 259569，该元胞数目范围数据处理与速度较快（White et al.，2000）。图 3.4 对比高速公路转换成 50m 和 100m 栅格数据后的 GIS 图，可以看出，当转换成 100m×100m 栅格数据时，公路的土地利用类型不够精确，很多土地区域都归类为其他用地类型，这对后期的土地利用一体化模型的交通网络扩充、道路周围土地开发等相关政策分析造成了很大困难。而在 50m×50m 时，栅格能够较精确地表现交通道路用地类型，可以方便后期一体化模型的政策分析。

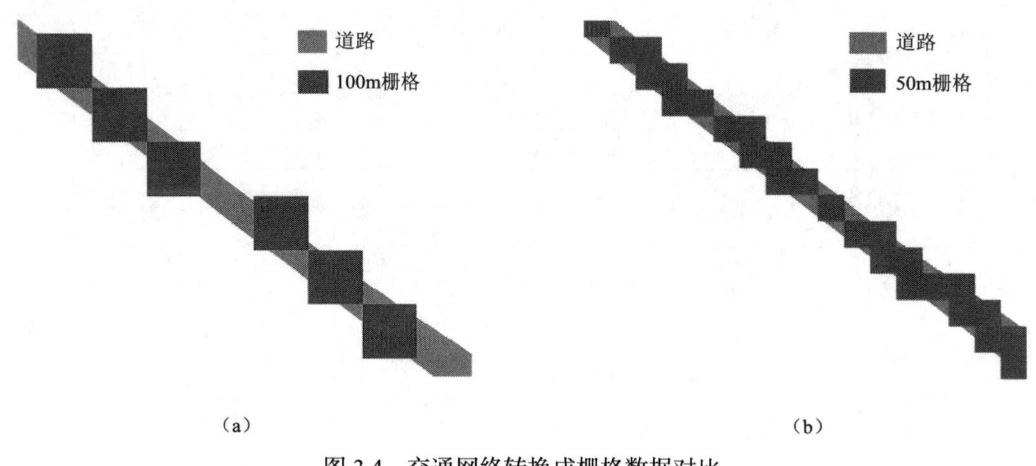

图 3.4　交通网络转换成栅格数据对比

（a）100m×100m 栅格；（b）50m×50m 栅格

3.2.3　变进变出定量土地利用分类法

根据元胞自动机模型的正方形形状要求，首先需要将 1990 年和 2000 年的土地利用形状文件按照第二层属性值转换成栅格数据（50m×50m），然后通过栅格空间数据处理工具，对其重新分类，对比每个栅格的土地利用变化情况。

在各种土地利用类型中，有一些是基本不会随时间变化而改变的，如河流、沙漠、森林和保护区等归为 A 类土地，同时，对于个别极少量（对数据分析影响可忽略不及）的土地利用类型也可归为 A 类。

B 类为与交通供给相关的土地类型，如道路设施、机场、火车、大型公交站等。C 类为与交通需求相关的土地类型，包括的类型有居民住宅地、工业用地、商业与服务用地和教育机构用地四类。D 类为空地，又细分为 D_1 和 D_2 两种类型，其中，D_1 可以变换成其他土地利用类型，但由于不适合建筑，直接变成 C 类用地的可能性很小，如湿地、沼泽地等，D_2 为剩余的空地中转换成 B、C 类交通相关用地可能性高的用地类型。B、C 两类用地类型区别较为明显，分类较为简单。根据 A、D_1 和 D_2 两类用地的定义及属性，采用定量分析方法进行分类。

将1990年和2000年原土地利用数据中的第二层的每种土地类型i的变化分为两类：变出$\{i_{\rightarrow}\}$和变进$\{_{\rightarrow}i\}$。变出是指当前的i类土地类型将可能变化成哪些土地类型，即i将来可能的土地类型集合。变进$\{_{\rightarrow}i\}$是指当前的i类土地类型由哪些土地利用类型变来，即i过去的土地类型集合。基于1990年和2000年的土地利用数据，变出$\{i_{\rightarrow}\}$将以1990年的数据作为基图，与2000年数据进行比较，从而得到土地类型将变成什么；而变进$\{_{\rightarrow}i\}$将以2000年的数据作为基图，与1990年数据进行比较，从而得到土地类型由什么变来。主要标记如下。

$\{i_{\rightarrow}\}$：i类土地类型将可能变化成哪些土地类型，即i将来可能的土地类型集合

$\{_{\rightarrow}i\}$：i类土地类型由哪些土地利用类型变来，即i过去的土地类型集合

$P_{i_{\rightarrow}}(j)$：表示第i类土地变为第j类土地利用的栅格（元胞）个数比例值

$P_{\rightarrow i}(j)$：表示第i类土地由第j类土地利用的栅格变来的栅格个数比例值

根据A类土地的定义，在一定数据误差下，可定义为

$$A = \{P_{\rightarrow i}(i) > 90\%\} \cup \{i \mid N_i \leqslant 100\}$$

$$D_1 = \{i \mid P_{i_{\rightarrow}}(j) < 0.03 \text{ 且 } P_{\rightarrow i}(j) < 0.03, \forall j \in C\}$$

$$D_2 = \{i \mid P_{i_{\rightarrow}}(j) \geqslant 0.03 \text{ 或 } P_{\rightarrow i}(j) \geqslant 0.03, \forall j \in C\}$$

首先，对于第二层的水域这一类，将1990年与2000年的数据都分为两大类：水域和其他。采用ArcGIS空间数据分析土地利用变化，水域元胞数量为24136，从1990～2000年有91.2%的水域保持不变，而只有2%与C类土地有关。因此，可以近似地将第一层的水域对应的第二层的5类归为A类。

对于剩余的35类，除去交通生成相关的C类（7）、E类（4），剩余24类将分成D_1和D_2。根据D_1和D_2的定义，只需要通过计算C类变进和变出概率，便可分出D_1类和D_2类。

从1990～2000年，基于1990年的C类土地利用变出情况，以及基于2000年的变进情况如表3.2所示。可以看出，从1990～2000年（变出），大部分C类用地保持不变的概率超过70%，且变化多是C类土地内部间的转换，如低密度居住用地转向中密度居住用地（17%）、中密度变为高密度居民用地（16%），以及工业用地转换为商业用地等（可能由于概念不确定造成统计误差）。也就是说，C类用地向其他用地转换的比例较小，但不可忽略。

通过C类土地变进的类型来看，变进比例大于0.03的土地类型将归为D_2类。根据A、B、C、D_1和D_2类土地利用类型定义，重新归类结果如表3.1所示。根据以上分析，C类土地向其他土地类型的转换比例较小（在第5章中将采用智能体模型描述该类变化），以交通为目的的土地利用变化大部分集中在D类土地向C类的转换。D类土地向C类土地利用转化的空间指标（非个体行为因素）主要分为四类：土地物理指标、可达性指标、城市集聚度（到城市中心及商业中心的距离指标）、环境指标（考虑元胞的邻居构成）。

表 3.2 土地类型变进变出表

C类土地及标号		变出 $\{i_{\to}\}$		变进 $\{_{\to}i\}$			
C类	类型名称 i	变出比例 $P_{i\to}(j)$	变出类型 j	变进比例 $P_{\to i}(j)$	变进类型 j	变进比例 $P_{\to i}(j)$	变进类型 j
商业与服务用地	商业与服务（1）	0.66	1	0.52		0.04	30
		0.09	32	0.08	32	0.09	2
		0.08	30	0.08	6	0.03	10
				0.05	9	0.03	22
						0.04	8
	娱乐旅游（11）	0.53	11	0.04	22	0.03	8
		0.04	25	0.11	12	0.07	16
		0.06	22	0.05	10	0.04	2
		0.03	10	0.03	9		
		0.03	6				
工业用地	工业用地（32）	0.25	1	0.53		0.04	2
		0.51	32	0.03	10	0.23	1
				0.03	11		
教育用地	教育机构（25）	0.03	10	0.11	9	0.03	1
		0.04	28	0.04	8	0.33	
		0.03	11	0.15	6	0.05	24
		0.06	22	0.04	2	0.03	15
		0.70	25				
住宅用地	高密度住宅用地（13）	0.79	13	0.27		0.08	12
		0.07	22	0.08	10	0.07	6
	低密度住宅用地（14）	0.04	16	0.03	6		
		0.51	14	0.72	22		
		0.17	22	0.05	14		
		0.05	8	0.04	12		
		0.03	6	0.03	10		
	中密度住宅用地（22）	0.16	13	0.13		0.07	12
		0.72	22	0.04	8	0.05	10
		0.04	14	0.54	14		

3.2.4 土地利用分类结果

根据以上分类结果，采用 ArcGIS 9.3 中空间分析等工具，图 3.5 显示了佛罗里达州橙县土地利用覆盖数据的重新分类结果 GIS 图。本研究将集中模拟交通需求相关土地利用的变化，而交通供给相关用地（如道路、机场、火车站、轨道线路等）不考虑。

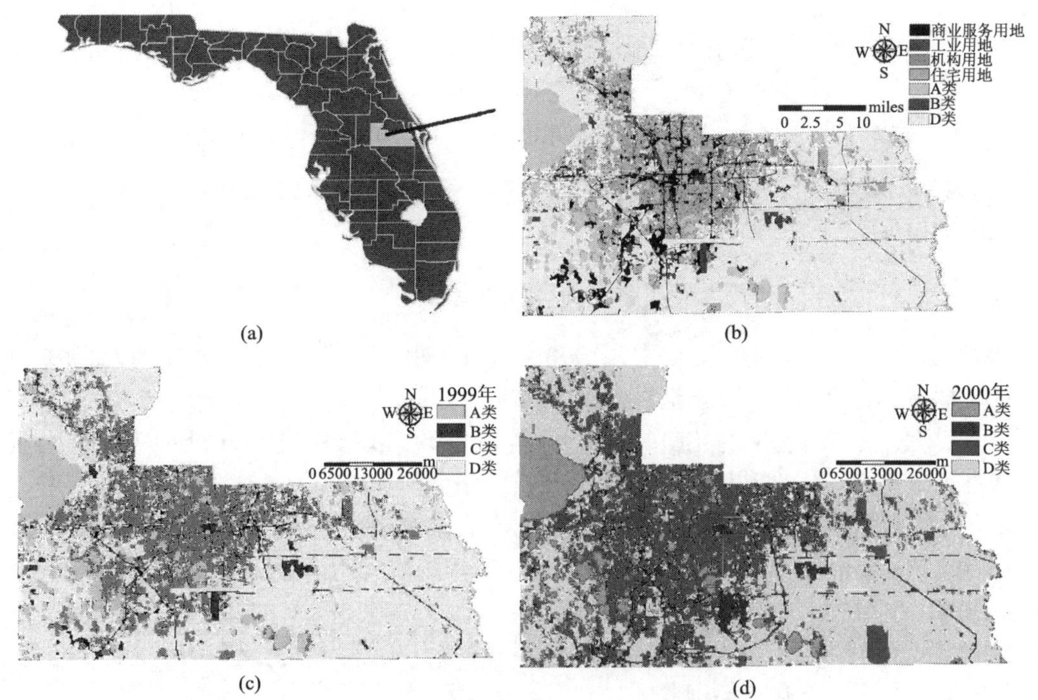

图 3.5　佛罗里达州橙县土地利用分类结果

（a）佛罗里达州橙县地理位置；（b）2000 年 A/B/D 以及详细 C 类分类图；（c）1990 年 A/B/C/D 四类分类结果；（d）2000 年 A/B/C/D 四类分类结果

3.3　基于多项式 Logit 转换规则的元胞自动机用地模拟

3.3.1　基于 MNL 的 CA 模型

采用多项式 Logit 模型描述 D 类土地利用类型到交通相关用地类型（LUT）的变化。元胞自动机中考虑三类空间属性（s_{in}）：①土地元胞的物理属性，包括土壤质量、坡度、地形高度等（υ_{ik}）；②元胞邻居中已开发的元胞个数（η_{ik}）；③局部空间属性，包括交通可达性、离城市中心 CBD、购物中心、教育机构以及其他主要公共场所的距离等（τ_{ik}）。对 *T* 年 D 类土地利用中的每个元胞，在 *T*+1 年将保持不变或转换为 LUT 的四类土地类型，其转换适应度（效用）可表示为

$$u_{ik}^{\mathrm{CA}} = w_{k1,\mathrm{CA}} \upsilon_{ik} + w_{k2,\mathrm{CA}} \eta_{ik} + w_{k3,\mathrm{CA}} \tau_{ik} \tag{3.1}$$

式中，$w_{k1,\mathrm{CA}}$，$w_{k2,\mathrm{CA}}$ 和 $w_{k3,\mathrm{CA}}$ 为需标定的相应线性参数。由于所有的空间属性的初值取值范围都不同，在进行模型标定前，先将其通过下式标准化到区间[0，1]：

$$s_{in} = (s_{in}^0 - \min_i s_{in}^0) / (\max_i s_{in}^0 - \min_i s_{in}^0) \tag{3.2}$$

式中，s_{in}^0 为元胞 *i* 中第 *n* 个空间属性的初始值。与 3.2.2 小节一致，元胞 *i* 从当前空地开发成第 *k* 类土地类型的概率可表示成

$$\mathrm{Pr}_{i,k}^{\mathrm{CA}}=\frac{\exp(\beta u_{ik}^{\mathrm{CA}})}{\sum_{k}\exp(\beta u_{ik}^{\mathrm{CA}})}\quad(k=1,2,3,4) \tag{3.3}$$

式中，开发概率$\mathrm{Pr}_{i,k}^{\mathrm{CA}}$值越高，说明元胞$i$开发成第$k$类用地的可能性越高。在采用MNL的元胞自动机模型确定 D 类土地利用开发时，其原则是在各类元胞开发数目约束条件下，最大化所有开发元胞的$\mathrm{Pr}_{i,k}^{\mathrm{CA}}$总值。

3.3.2 元胞自动机中多项式Logit模型参数标定

在佛罗里达州橙县实际数据中，1990 年土地利用覆盖数据的 D 类土地元胞中，通过随机选择 50%的元胞，对元胞自动机的多项式 Logit 模型进行参数标定（表 3.3）。其中，通过对比该 50%选中的元胞，在 1990 年与 2000 年观测数据的土地利用状态，确定从 D 类土地到其他土地利用类型之间的转换，作为各类土地利用变化的参数标定样本。1990 年的 D 类土地元胞，根据其对应 2000 年的土地利用类型，可分为五类：①转变为商业用地（元胞个数为 17765）；②转变为工业用地（元胞个数为 2012）；③转变为机构用地（元胞个数为 8790）；④转变为住宅用地（元胞个数为 41694）；⑤保持不变，仍为 D 类用地（元胞个数为 495832）。多项式 Logit 模型描述土地利用变化时，将第五类（保持不变）作为基准类别。

表 3.3 多项式 Logit 模型参数校准结果

属性描述		对应土地利用类型的参数							
		商业用地		工业用地		机构用地		住宅用地	
		系数	T-统计值	系数	T-统计值	系数	T-统计值	系数	T-统计值
物理属性	元胞土壤	0.350	12.85	0.121	4.28	0.136	4.85	0.365	14.05
	元胞地形	0.057	1.36	0.111	2.57	0.214	5.03	0.436	11.10
空间可达性	离火车站距离	−0.191	−1.49	−0.716	−5.50	−0.026	−0.20	−2.697	−23.70
	离大型公交站距离	0.244	3.47	0.322	4.47	0.563	8.15	1.139	17.04
	离机场距离	0.648	8.57	0.500	6.52	0.066	0.88	1.786	25.13
	离主干道距离	−0.118	−3.12	−0.173	−4.44	−0.109	−2.84	−0.592	−16.83
	离 CBD 距离	−0.843	−16.65	−0.282	−5.39	−0.455	−8.84	−0.644	−13.55
	离商业中心距离	−0.221	−3.03	0.044	0.59	0.657	9.24	−0.099	−1.41
	离工业区距离	−0.009	−0.21	−0.036	−0.78	−0.289	−6.48	−0.038	−0.90
	离住宅区距离	0.271	7.85	0.067	1.86	0.145	4.16	−0.093	−2.66
邻居属性	邻居商业元胞个数	1.414	5.95	0.675	2.68	0.917	3.60	0.300	1.26
	邻居工业元胞个数	0.294	0.98	1.344	4.81	0.486	1.59	−0.466	−1.60
	邻居机构元胞个数	0.630	1.83	0.645	1.84	2.797	9.27	0.094	0.28
	邻居住宅元胞个数	0.453	1.81	0.426	1.66	0.887	3.44	1.339	5.56
	邻居A类元胞个数	−0.042	−0.17	−0.094	−0.37	0.257	1.02	−0.352	−1.47
	邻居D类元胞个数	0.079	0.33	−0.029	−0.12	0.187	0.76	−0.097	−0.42
常数	常数	−1.687	−7.03	−1.448	−5.89	−1.852	−7.47	−1.084	−4.62
因变量	$\mathrm{Pr}_{i,k}^{\mathrm{CA}}$，根据各空间因素，由元胞自动机模型得到的每个空地元胞转化为对应用地类型的概率								

对以上五类中的元胞，提出样本随机生成算法用以随机产生50%样本，可简述如下：假设第 k 类的元胞数量为 C_k，生成一个 $C_k \times 2$ 维矩阵 M，其中第一列为 0～1 间的随机数，第二列为位置标号（1，2，…，C_k），对该矩阵的第一列进行降序排列，生成新的矩阵 M_1，其中第一列为降序排列的 0～1 间随机数，第二列为对应的位置。最后根据 M_1 中的第二列前 $C_k / 2$ 个位置，查找对应的 k 类元胞，作为第 k 类土地变化的样本元胞。

表 3.3 中的基于 MNL 回归的元胞自动机模型参数校准结果（式（3.1）中的参数），回归程序采用 Matlab 中的“mnrfit”函数实现。回归结果可看出一系列与实证研究类似的结果。例如，距离属性系数中，“离机场距离”的正系数表明，土地元胞离机场越远，则更容易开发为各种交通需求相关用地类型。而离主干道、CBD 距离越近的元胞，则被开发的可能性越大。同时，根据系数大小可看出，对于空地元胞，与 CBD 距离越接近，则开发成商业用地的可能性比开发成其他用地类型越大。在邻居属性中，对应指标“住宅邻居个数”的参数为正数（1.339）表明，如果元胞被更多的住宅元胞包围，则更可能开发成住宅用地。而 Moore 邻居中工业用地类型多的元胞更可能开发成工业用地，但开发成住宅用地的可能性更小。一定程度上与分区规划和城市土地开发聚集效应的结果相同。

3.3.3 土地开发选择算法

根据式（3.1）、式（3.3）以及表 3.3 标定的参数，可计算 1990 年 D 类土地利用中每个元胞的转换概率 $\mathrm{Pr}_{i,k}^{\mathrm{CA}}$。通常，在得到概率后，确定具体元胞开发，有两种方式。一是采用优化问题，求得最优解；二是基于随机选择，同时优化开发元胞的 $\mathrm{Pr}_{i,k}^{\mathrm{CA}}$ 总值，但并不能保证为最优解，可能为次优解。考虑到元胞开发的随机性较大，本章元胞开发采用基于随机选择方法，但同时能确保解为较优解，设计算法如下。

步骤 1：假设 1990 年 D 类元胞个数为 C_{D}，构造 $C_{\mathrm{D}} \times k$ 维概率矩阵 M_P，每行对应为某 D 类元胞转换为 k 类用地的概率值 $\mathrm{Pr}_{i,k}^{\mathrm{CA}}$，寻找每行中最大的概率值，构造新矩阵 $M1_P$，其每行对应的最大概率值位置的值为 1，其他为 0。

步骤 2：令 1990 年从 D 类用地转换到 k 类用地的元胞的个数为 $n_{\mathrm{D}k}$，产生 $C_{\mathrm{D}} \times k$ 维的矩阵 M_s，其中每列为 0～1 的随机数，对 M_s 中的每一列进行降序排列，并记录位置号，从前至后选择 $n_{\mathrm{D}k}$ 个元胞，且该元胞对应的位置满足 $M1_P$ 值为 1，则这些选择的 $n_{\mathrm{D}k}$ 个元胞将被开发成第 k 类用地。如果满足条件的元胞数不够 $n_{\mathrm{D}k}$ 个，则将满足且被开发的元胞剔除，从新回到步骤 1，构造新的 D 类元胞概率矩阵 M_P。直到每类元胞开发个数与 $n_{\mathrm{D}k}$ 一致，则停止算法。

3.3.4 模型精度的评估方法

本章采用两种方法评估模型验证结果。

第一种方法称为相同比较法（Pijanowski et al.，2002），通过下式对比模型仿真结果和观测土地利用数据：

$$R_k = \frac{N_k^{\mathrm{SameC}}}{N_k^{\mathrm{ActualC}}} \tag{3.4}$$

式中，N_k^{SameC} 表示预测结果中，由1990年中D类元胞转换成 k 类土地利用，且与2000年观测数据相同的元胞个数。N_k^{ActualC} 为观测数据中，1990年中D类元胞转换成 k 类土地利用的总元胞个数。

第二种方法是采用传统的融合矩阵法（Li et al.，2008）。融合矩阵是一种常用于衡量基于栅格范围的土地利用预测精度的方法。对比基于栅格元胞范围的土地利用预测精度（Li and Yeh，2002），采用矩阵$[m_{ij}]$表示，其中，i，j 分别表示土地利用类型，可表示为$i=1,2,\cdots,L$，其中，L 为总土地类型数。表示在实际土地利用结果中的土地类型为 i，而预测结果为 j 类的元胞个数。因此，m_{ii} 值可以看作为 i 类土地利用类型正确预测的元胞个数，则 i 类土地利用类型模型预测精度可表示为：$m_{ii}\big/(\sum_j m_{ij})$。同理，LUT 的精度可表示为：$\sum_{i\in\{\text{LUT}\}} m_{ii}\big/(\sum_{i\in\{\text{LUT}\}}\sum_j m_{ij})$，所有土地类型总精度可通过式$\sum_i m_{ii}\big/(\sum_i\sum_j m_{ij})$计算得到。

3.3.5 基于 MNL 的 CA 模型结果

基于 3.3.3 提出的算法，采用式（3.4）计算模型结果的精度为 60.7%，也就是说，D 类转换成 LUT 用地，有 60.7%的元胞计算正确。表 3.4 采用融合矩阵计算模型结果精度，可以看出，MNL-CA 模型结果中，住宅用地和教育机构用地的精度较高，对交通相关用地精度为 74.4%，总土地利用类型为 76.7%。

表 3.4 应用融合矩阵对比实际结果与 MNL-CA 模型预测结果

不同土地类型基于栅格对比结果（元胞个数）			MNL-CA 模型仿真结果							精度/%
			A 类	B 类	C 类				D 类	
					RESL	COML	INDL	INSL		
实际结果	A 类		89261	309	1651	524	91	565	4748	91.9
	B 类		518	19160	659	1673	216	330	3670	73.1
	C 类	RESL	2026	1324	153935	13087	1438	2782	12311	82.4
		COML	1311	2383	11692	33330	3016	1588	5793	56.4
		INDL	102	321	442	3481	6567	225	2773	47.2
		INSL	116	523	1973	1565	67	13289	793	72.5
	D 类		17505	14761	6231	887	273	1505	596255	93.5
所有土地利用类型精度/%										76.7
LUT（交通相关用地类型）精度/%										74.4

注：RESL = 住宅用地；INDL = 工业用地；COML = 商业服务用地；INSL= 机构用地

图 3.6 显示了基于 MNL 的 CA 模型对于佛罗里达州橙县的土地利用开发的预测结果。可以看出，MNL-CA 模型结果与实际用地基本一致，且 C 类用地开发主要分布在交通路网沿线地带。在模型结果中，橙县的左上部的 D 类元胞比实际开发的要多，而在

中下部，实际中开发成住宅用地的D类元胞则转换成了商业用地，这主要由于CA模型只考虑了空间属性，而未考虑土地利用的个体决策行为及政府政策等因素。在第5章，将考虑更多影响土地利用变化的个体行为因素，更全面地捕捉土地利用变化。

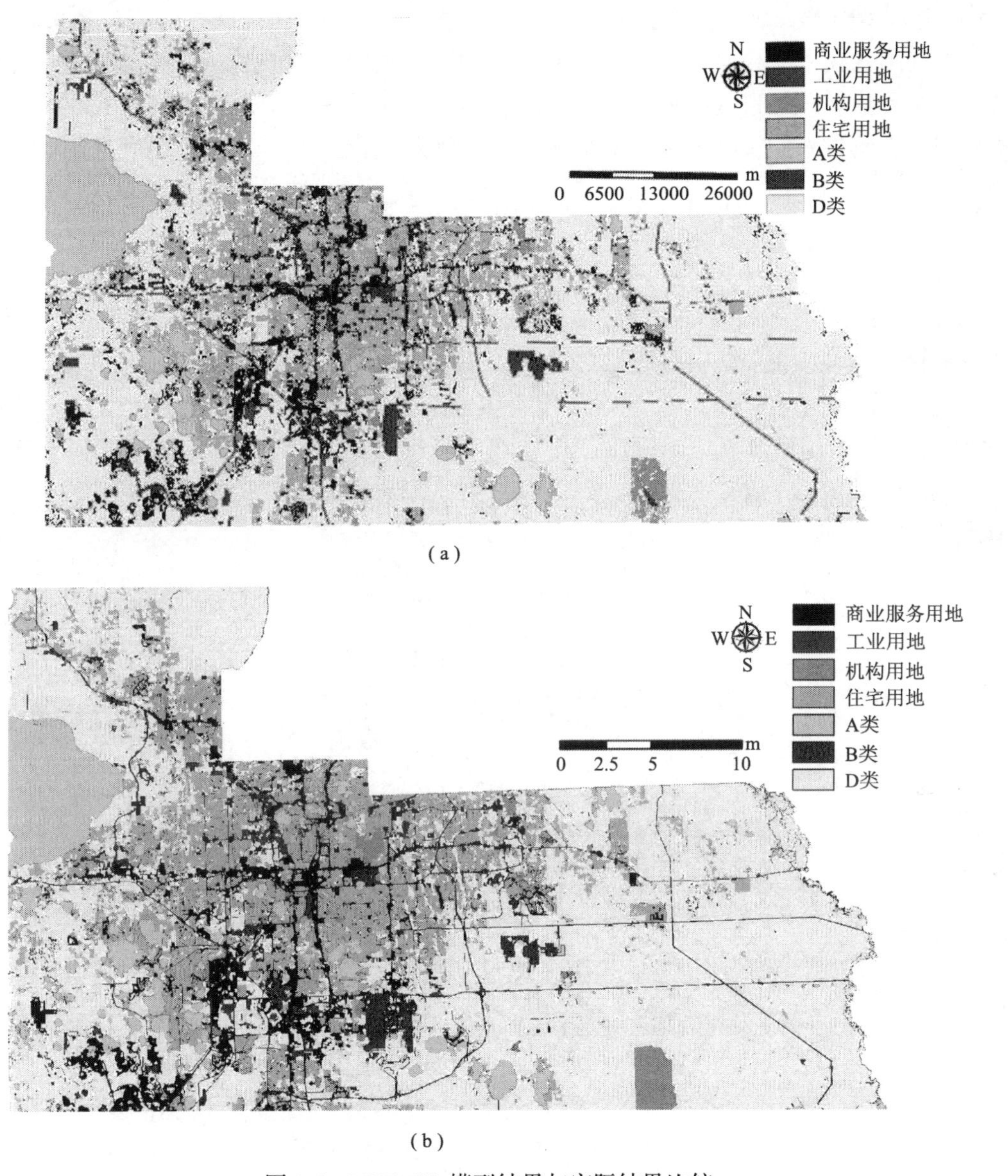

图3.6 MNL-CA模型结果与实际结果比较

（a）MNL-CA结果；（b）实际土地利用结果

3.4 基于神经网络ANN的元胞自动机用地模拟

基于 MNL 的元胞自动机模型能够描述土地利用空间属性与土地利用变化间的关系，但缺点是过于繁琐的参数校正程序。对于描述多类土地利用变化，神经网络已经被证明能够方便地与元胞自动机模型相结合，模拟多种土地利用类型的变化（Mann and Benwell，1996；Li and Yeh，2002；Pijanowski et al.，2002）。神经网络方法的优点包括能够处理非线性关系，通过训练从样本数据总结归纳输入输出层参数间的关系，无需构建具体模型（Mas et al.，2004）。一般情况下，人工神经网络通过四个步骤来预测模拟土地利用变化（Pijanowski et al.，2002）：①设计网络，包括输入层输出层元胞个数、网络训练函数等；②选择数据样本，训练网络；③采用一套完整的数据测试神经网络；④采用训练测试好的神经网络预测将来的土地利用变化。

3.4.1 ANN 在土地利用模型中的应用

本节采用的多层感知神经网络（MLP）是最常用的神经网络结构之一（Bishop，1995；Lek and Guégan，1999；Mas et al.，2004）。MLP 是一前馈神经网络，并通过非线性函数映射输入层与输出层的关系。MLP 包含三层：输入层、隐藏层和输出层（图 3.7）。为描述 D 类土地元胞向其他交通需求相关用地的转化，输入层由 n 个神经元构成，表示 n 个导致土地利用变化的空间属性，s_{in}。输出层包含 5 个神经元，分别计算从当前的空地元胞（D 类用地）转换为住宅用地、商业用地、工业用地、机构用地以及保持不变的概率。

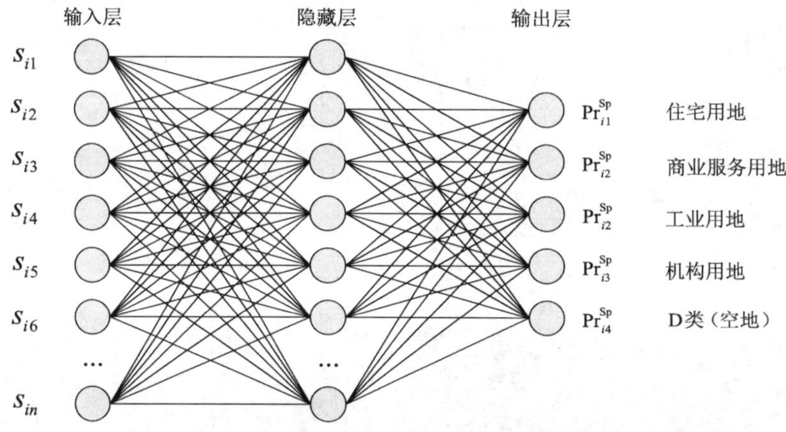

图 3.7 土地利用变化从 D 类到交通类的神经网络结构图

图 3.7 中，圆圈代表神经元，直线代表不同层神经元之间的关系。该神经网络包括 $\overline{n}$ 个输入神经元，$\overline{m}$ 个隐藏层神经元，$\overline{k}$ 个输出层神经元。在隐藏层，根据 Kolmogorov 理论，采用 $2\overline{n}+1$ 个神经元（$\overline{n}$ 为输入神经元个数）能够保证任何连续函数的理想逼近（Bishop，1995）。在实际应用中，$2\overline{n}+1$ 个隐藏层神经元往往过多，导致收敛过程缓慢；而 $2\overline{n}/3$ 个左右的隐藏层神经元能够产生几乎相同精度的结果，但训练时间要少得多（Wang，1994；Li and Yeh，2002；Mas et al.，2004）。基于此，本节提出的基于 ANN 的元胞自动机模型在隐藏层中采用 15 个神经元，以同时确保精度和仿真速度。

隐藏层中的第 m 个神经元的输出，为前面输入层的 $\overline{n}$ 个输入变量的加权线性组合。

通常采用激活函数表示输入层变量与隐藏层输出的非线性关系。在含一个隐藏层的神经网络（单层神经网络）中，隐藏层中的第 m 个神经元的输出值 v_m 能够通过 Sigmoidal 激活函数得到

$$v_m = \frac{1}{1+\exp(-\sum_n w_{mn} x_n)} \tag{3.5}$$

式中，w_{mn} 表示神经网络从输入层到隐藏层的权重；x_n 为输入层第 n 个空间变量。输出层的土地利用转移概率为 $\mathrm{Pr}_{ik}^{\mathrm{Sp}}$，表示考虑空间属性下，空地元胞开发成 k 类用地的概率，属于0～1之间。$\mathrm{Pr}_{ik}^{\mathrm{Sp}}$ 可通过下式计算得到

$$\mathrm{Pr}_{ik}^{\mathrm{Sp}} = \sum_m w_{mk} v_m \tag{3.6}$$

式中，w_{mk} 表示神经网络从隐藏层到输出层的权重。这些权重通过神经网络训练得到。采用Matlab软件中的神经网络工具包，能够通过一个反馈和传播算法自动实现训练过程，该算法通过迭代，调整网络的权重，以最小化神经网络输出与观测输出值间的误差。可以说，神经网络通过"学习"来模拟训练数据的函数映射关系。

本章也同时构造了一个含三个隐藏层的多层神经网络。与单隐藏层的网络进行对比。对应三个隐藏层的神经元个数和激活函数分别为 15（sigmoid 函数）、10（线性函数）和 15（sigmoid 函数）。各层网络间的函数映射关系可类似地通过式（3.5）和式（3.6）得到。

神经网络训练数据，采用 1990 年作为基准年，2000 年的数据作为预期数据，通过随机选择 25%的 1990 年中 D 类数据对神经网络进行训练。训练后的神经网络采用 1990 年的所有 D 类数据进行验证：将 1990 年 D 类每个元胞的空间属性作为网络输入，得到其土地利用转移概率 $\mathrm{Pr}_{ik}^{\mathrm{Sp}}$ (k=1, 2, 3,4)。转移概率 $\mathrm{Pr}_{ik}^{\mathrm{Sp}}$ 越高，则该空地元胞开发成 k 类土地利用类型的可能性越大。

采用 3.3.3 小节的土地开发选择算法，对基于神经网络的元胞自动机模型的土地利用变化结果进行求解。与 MNL-CA 不同的是，1990 年 D 类土地利用中每个元胞的转换概率 $\mathrm{Pr}_{ik}^{\mathrm{Sp}}$ 是通过训练好的神经网络求得，而不是通过 MNL 函数得到。基于随机的土地开发选择，能够在满足土地变化需求的前提下，根据优化总的转换概率 $\mathrm{Pr}_{ik}^{\mathrm{Sp}}$，获取 T+1 年的 D 类土地利用空间分布。

3.4.2 ANN 训练结果

对每一个用于训练的元胞 i，图 3.7 中神经网络输入层对应于每个元胞的空间属性。如果 1990 年的元胞在 2000 年的土地利用类型是一样的，则相应的输出神经元值为 1，否则为 0。例如，在 2000 年，元胞 i 开发为住宅用地，则对应该元胞的神经网络输出层值分别为（1, 0, 0, 0, 0）。通过对比土地利用数据，1990 年 D 类元胞总个数为 566093，其中，70261 个在 2000 年转化成了交通相关土地类型。如前所述，将 1990 年 D 类土地

元胞根据其对应 2000 年的土地利用类型分成五类。通过采用随机选择过程，采用每类中的 25%元胞作为训练神经网络的样本数据。

图 3.8 分别显示了含单隐藏层和三层隐藏层的神经网络的训练结果。可以看出，预测误差在很短时间内急剧下降，并之后保持稳定。在单隐藏层的神经网络中，经过 54 次迭代即达到收敛，所需时间为 3 分 36 秒。而在 3 隐藏层神经网络中，只需经 44 次迭代即可收敛，但训练时间稍长，需 7 分 14 秒。

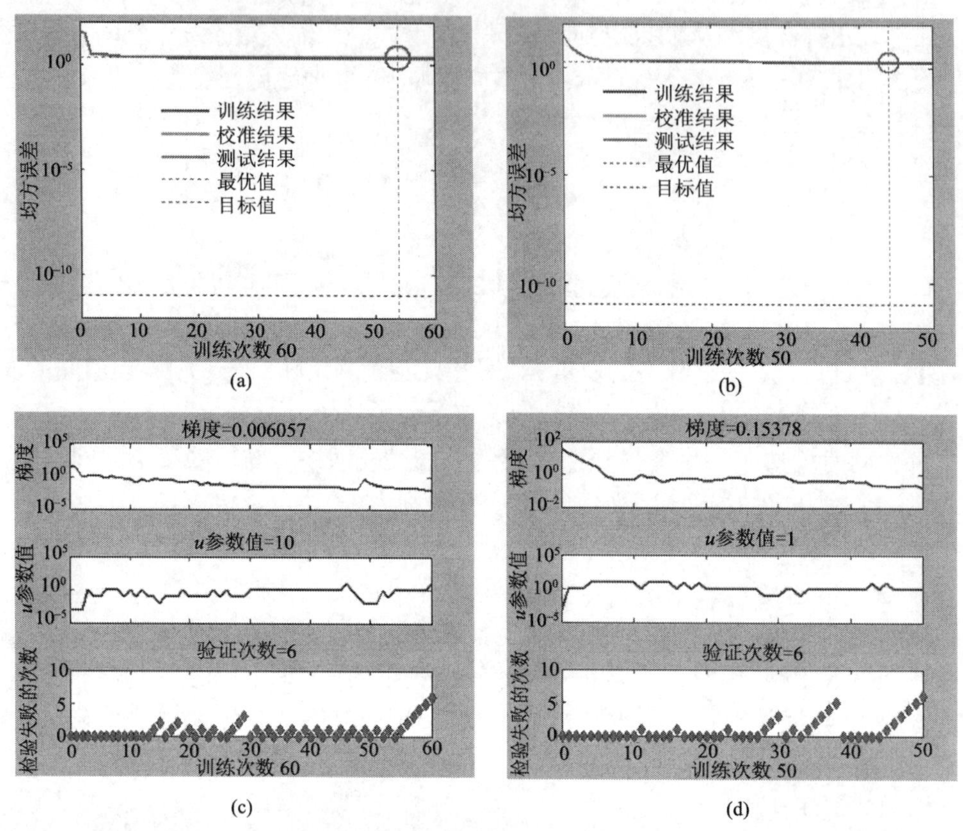

图 3.8 神经网络训练迭代图与结果

（a）单层神经网络训练迭代图；（b）多层神经网络训练迭代图；（c）单层神经网络训练结果；（d）多层神经网络训练结果

3.4.3 ANN-CA 验证结果

采用训练好的神经网络，对 1990 年的整个 D 类元胞进行土地利用模拟以得到 2000 年的土地利用形态，表 3.5 对比了单隐藏层和 3 隐藏层神经网络的模拟结果。从表 3.5 中可看出，根据式（3.4）计算的精确度衡量方法，对整个交通相关用地而言，单隐藏层和 3 隐藏层神经网络精度分别为 69.6%和 74.6%。结果表明，含三隐藏层的多层神经网络能够达到更高的精度，但需要更多的训练时间。总体来说，采用神经网络，考虑空间属性的土地利用预测结果，精度能达到 70%左右，高于 MNL-CA 的 60.7%，表明该方法是非常有效的。

表 3.5　含不同隐藏层的神经网络验证结果比较

<table>
<tr><th rowspan="2">1990 年土地类型</th><th rowspan="2">2000 年土地类型</th><th rowspan="2">元胞实际总数 N_k^{ActualC}</th><th colspan="2">单隐藏层 ANN</th><th colspan="2">三隐藏层 ANN</th></tr>
<tr><th>相同元胞数 N_k^{SameC}</th><th>精度/% R_k</th><th>相同元胞数 N_k^{SameC}</th><th>精度/% R_k</th></tr>
<tr><td>D 类</td><td>商业用地</td><td>17765</td><td>10983</td><td>61.8</td><td>11934</td><td>67.2</td></tr>
<tr><td>D 类</td><td>工业用地</td><td>2012</td><td>53</td><td>2.6</td><td>118</td><td>5.9</td></tr>
<tr><td>D 类</td><td>教育机构用地</td><td>8790</td><td>6671</td><td>75.9</td><td>6600</td><td>75.1</td></tr>
<tr><td>D 类</td><td>住宅用地</td><td>41694</td><td>31221</td><td>74.9</td><td>33792</td><td>81.0</td></tr>
<tr><td colspan="3" rowspan="2">总精度/%</td><td colspan="2">单隐藏层</td><td colspan="2">69.6%</td></tr>
<tr><td colspan="2">三隐藏层</td><td colspan="2">74.6%</td></tr>
</table>

ANN-CA 模型结果通过融合矩阵方法的精度见表 3.6，可以看出，C 类交通用地和总土地利用类型的精度分别为 85.7%和 87.9%，明显高于 MNL-CA 模型中的 74.4%和 76.7%。橙县中部的结果相似度较高，而在橙县的西北方向，在预测结果中，更多空地开发成了住宅用地。其可能原因是 ANN-CA 模型考虑到的空间因素，离现有住宅的距离为一重要指标。而在实际中，可能该地区由于土地规划政策，归为洲际公园或保护区域，或者由于其太过偏僻，居民可能会放弃选择居住。因此，非常有必要考虑更全面的政策、微观个体选择行为，并与当前的空间因素相结合，描述土地利用变化。

表 3.6　融合矩阵对比 ANN-CA 结果与实际结果

<table>
<tr><th colspan="3" rowspan="3">不同土地类型基于栅格对比结果（元胞个数）</th><th colspan="7">MNL-CA 模型仿真结果</th><th rowspan="3">精度/%</th></tr>
<tr><th rowspan="2">A 类</th><th rowspan="2">B 类</th><th colspan="4">C 类</th><th rowspan="2">D 类</th></tr>
<tr><th>RESL</th><th>COML</th><th>INDL</th><th>INSL</th></tr>
<tr><td rowspan="7">实际结果</td><td colspan="2">A 类</td><td>89261</td><td>518</td><td>2041</td><td>1383</td><td>99</td><td>139</td><td>17398</td><td>80.5</td></tr>
<tr><td colspan="2">B 类</td><td>309</td><td>19160</td><td>1421</td><td>2386</td><td>308</td><td>523</td><td>14674</td><td>49.4</td></tr>
<tr><td rowspan="4">C 类</td><td>RESL</td><td>1651</td><td>659</td><td>156317</td><td>9017</td><td>294</td><td>930</td><td>7715</td><td>88.5</td></tr>
<tr><td>COML</td><td>524</td><td>1673</td><td>6007</td><td>37554</td><td>5069</td><td>1175</td><td>2545</td><td>68.8</td></tr>
<tr><td>INDL</td><td>91</td><td>216</td><td>281</td><td>2872</td><td>6164</td><td>44</td><td>2000</td><td>52.8</td></tr>
<tr><td>INSL</td><td>565</td><td>330</td><td>2597</td><td>1506</td><td>207</td><td>13342</td><td>1737</td><td>65.8</td></tr>
<tr><td colspan="2">D 类</td><td>4748</td><td>3670</td><td>18239</td><td>4395</td><td>1770</td><td>2173</td><td>591348</td><td>94.4</td></tr>
<tr><td colspan="10">所有土地利用类型精度/%</td><td>87.9</td></tr>
<tr><td colspan="10">LUT（交通相关用地类型）精度/%</td><td>85.7</td></tr>
</table>

注：RESL=住宅用地；INDL=工业用地；COML=商业用地；INSL=机构用地

3.5 ANN和MNL元胞自动机用地模拟结果比较

表3.7用两种精度计算方法对比了MNL和ANN元胞自动机土地利用模型结果。从表3.7中可以看出，多层神经网络预测精度明显比MNL-CA模型要高。与MNL模型相比，ANN模型需要的训练数据少（只需25%）就能取得较好的预测结果，而MNL的回归数据采用了50%，精度比ANN低。

表3.7　融合矩阵对比ANN-CA结果与实际结果

精度计算方法	相同比较法	融合矩阵法	
		C类	总土地类型
ANN-CA（L3）	74.6	85.7	87.9
MNL-CA	60.7	76.7	74.4

综上所述，神经网络的优点是能够简单处理大量繁杂数据的非线性关系，不需构建复杂的模型求解，只需提供合适的训练数据，且精度较高。然而，一个众所周知的神经网络的弱点是其“黑箱”操作，用户无法知道输入数据与输出数据之间的确切函数映射关系。尽管人工神经网络的精度较高，但难以得到各输入变量与土地利用变化结果的确切关系，对后期土地利用交通一体化模型的政策分析相当不便。只有能够保证预测精度高，同时又能明确各变量与土地利用变化的关系的土地利用模型，与交通模型结合后，才能更有效地、直观地研究土地利用与交通系统间的关系。

3.6 本章小结

本章提出了一套基于实际GIS数据的土地利用模型流程，以美国佛罗里达橙县为例，详细介绍了数据采集、数据处理和数据库设计以及交通一体化目的下的土地利用定量分类方法。

考虑土地利用变化的空间因素，构建了基于MNL（多项式逻辑模型）和ANN（神经网络模型）转换规则的CA（元胞自动机）土地利用模型。在构建MNL-CA和ANN-CA理论模型后，以佛罗里达橙县的数据为实例（以1990年作为基准年，2000年作为目标年），根据书中提出的样本随机生成算法，分别对MNL-CA模型参数进行标定、对ANN-CA模型进行训练，并提出了土地开发选择算法，生成下一时刻的土地利用结果。同时介绍了两种用于评估模型精度结果的方法：相同比较法和融合矩阵法。

MNL-CA模型结果表明：相同比较法下，交通需求相关用地的精度为60.7%。融合矩阵法结果中，交通需求相关土地和所有土地类型的精度分别为 74.4%和 76.7%。在多层 ANN-CA 模型中，交通需求相关土地和所有土地类型的精度分别为 85.7% 和 87.9%。多层神经网络（含 3 个隐藏层）比单层神经网络精度高，但训练时间要长。同时，研究表明，当模拟一些小规模用地发展时，人工神经网络模型的鲁棒性非常差，预测精度很低（工业用地中，单、多层神经网络精度分别为 2.6%、5.8%）。

要说明的是，CA 模型只考虑 D 类土地利用的变化，而 A/B/C 三类的土地利用变化，将在下一章进行仿真模拟。其主要原因是 CA 只限于用于土地利用空间因素的模拟，D 类土地变化与空间因素相关性大。而 A/B 类土地利用主要与相关土地、交通政策相关，C 类土地则与当前居住的居民、就业部门的行为有关。为更好地模拟土地利用变化，可以与多智能体模型相结合，从而综合确定土地利用转化规则，以提高模型精度。

第 4 章　融入市场机制的多智能体土地利用模拟

上一章通过采用实际 GIS 数据，考虑土地利用空间因素，构建 MNL 和 ANN 元胞自动机模型，描述土地利用变化。尽管元胞自动机模型能够很好地捕捉土地利用的空间变化因素，但无法描述社会经济相关因素、个体决策行为等。本章通过构建多智能体模型，融合土地利用变化的智能体的个体行为、政策及经济因素等，与元胞自动机模型结合，用于模拟仿真土地利用变化，并进一步构建家庭、就业等空间分布模型，为交通模型提供必要的输入数据。

采用多智能体模型描述土地利用变化的个体智能体行为，包括政府政策行为、家庭智能体、就业智能体和开发商智能体。采用基于竞租理论的市场均衡模型描述智能体间的相互作用，并通过均衡条件内生土地价格。通过构造土地利用市场的两个均衡模型：土地利用开发均衡模型与土地需求-供给均衡模型，为交通系统提供必要的基于 TAZ 范围的社会经济数据。模型采用佛罗里达州橙县的实际数据校准验证模型，为 FSUTMS 模型提供必要的土地利用相关数据输入，从而进一步构造土地利用交通一体化模型。

符号标记

Ω：研究区域总的土地元胞集合，且 $\Omega=\{\Omega_{\mathrm{A}},\Omega_{\mathrm{B}},\Omega_{\mathrm{C}},\Omega_{\mathrm{D}}\}$，包括 A，B，C，D 四类土地利用类型子集，与 4.2.3 定义一致。其中，C 类交通需求相关用地又分为四类，$\Omega_{\mathrm{C}}=\{L_{\mathrm{res}},L_{\mathrm{com}},L_{\mathrm{ind}},L_{\mathrm{ins}}\}$，分别表示研究区域中现有的住宅用地元胞、商业用地元胞、工业用地元胞以及机构（教育）用地元胞。本模型中，A、B 两类土地利用变化不考虑，而集合 $\Omega_{\mathrm{C}}(T)$ 和 $\Omega_{\mathrm{D}}(T)$ 在每一时间步骤更新。

LUT：所有与交通需求相关的土地利用类型，有 $\mathrm{LUT}=\{k\mid k=1,2,3,4\}$。且 k 分别表示住宅用地类型、商业用地类型、工业用地类型以及机构（教育）用地类型。

h：家庭与每个子就业部门（包括商业就业、服务就业、工业就业）都各自分为 $\bar{h}$ 类。例如，家庭单元根据其社会经济属性分为 $\bar{h}$ 类，其中，类别 $h=1,2,\cdots,\bar{h}$，通过从住宅用地元胞（$k=1$）选择位置。对每一类就业部门，在本章中，简单期间，假设其社会经济属性相同，即如果 $k=2,3,4$，则 $h=1$。

N_{ik}^{h}：分配在 k 类土地元胞 i 的 h 类智能体（家庭/就业）的总量。

S_{ik}：k 类土地元胞 i 能提供的建筑单元供给量。

u_{ik}^{CA}：元胞自动机模型中空地元胞 i 转变成 k 类用地的空间适应度（效用）。

u_{ik}^{con}：开发商将空地元胞 i 建设成 k 类用地的效用（利润）。

u_{i}^{dem}：开发商拆迁已开发元胞 i 内建筑的效用（利润）。

$\mathrm{Pr}_{ik}^{h,\mathrm{mov}}$：$h$ 类智能体从 k 类土地元胞 i 的搬迁的概率。如果 k=1，则表示住宅用地元

胞 i 的现有家庭住户搬迁的概率；如果 k=2，则表示商业用地元胞 i 上的智能体搬迁的概率。

$\mathrm{Pr}_{ik}^{h,\mathrm{cho}}$：$h$ 类智能体选择 k 类土地元胞 i 的概率。

$\mathrm{Pr}_{ik}^{h,\mathrm{bid}}$：$h$ 类智能体为 k 类土地元胞 i 的最高出价者的概率。

$\mathrm{Pr}_{ik}^{\mathrm{CA}}$：由元胞自动机模型得到的土地元胞 i 从空地转变成 k 类用地的概率。

$\mathrm{Pr}_{ik}^{\mathrm{con}}$：开发商愿意将元胞 i 开发成 k 类用地的概率。

$\mathrm{Pr}_{i}^{\mathrm{dem}}$：开发商愿意拆迁现有已开发元胞 i 的概率。

4.1　耦合元胞自动机和多智能体的土地利用模型

要为交通模型（如商业交通软件 FSUTMS）耦合并提供必要的数据输入，一个理想的土地利用模型应考虑下列因素：①考虑不同时间段的土地利用需求，以及人口、就业变化量；②影响土地利用变化的空间因素，如地形、坡度、空间邻居属性等；③相关个体决策者的行为（如家庭、就业部门、开发商等）。

4.1.1　CA-Agents 耦合模型框架

交通系统的加强措施，如新增或提高已有的交通设施，将会直接增强一些小区的可达性，并直接吸引更多的居民用户或开发商。而这些在交通生成中往往不被重视。另外，小区人口及活动的增加需要进一步加强交通设施建设，然而，这种动态的关系在单一的交通模型中并未考虑。交通情况改善后，土地利用形态的变化，即人类活动的空间分布，通常存在时间滞后性。同样，针对交通拥挤的政策决策也不是即时的。土地利用与交通的相互作用关系，正如 Mackett（1994）所述，“毫无疑问，交通基础设施的变化将导致土地利用的变化，所以，除了交通网络和模式外，土地利用成为交通需求第二因素”。

将交通模型中高峰小时拥挤情况下的行程时间作为土地利用模型的输入，而土地利用模型的结果作为交通生成的输入，从而进一步构建交通系统与土地利用系统的循环，通过反馈机制或系统组成间的联合决策，集成交通系统与土地利用系统是有必要的。图 4.1 描述了本章提出的土地利用模型的框架。该模型能够与 FSUTMS 形成交互，集成了元胞自动机模型、多智能体模型以及基于竞租理论的市场竞争机制。

土地利用覆盖的变化通过元胞自动机与内、外部智能体模型进行仿真，采用竞租理论描述内部智能体间的相互作用，得到基于 50m×50m 栅格范围的新的住宅用地的家庭信息（如人口、住宅类型、汽车拥有量等）以及非住宅用地的各就业部门新的公司数量分布。这些基于栅格元胞的模型输出，通过栅格元胞与 TAZ 的空间从属关系，聚集整合到 TAZ 范围后，再重新更新 FSTUMS 的输入。通过 FSTUMS 交通模型，计算的新的交通费用与可达性指标又将反馈到模型数据存储中，以更新下一时期的土地利用模型输入。

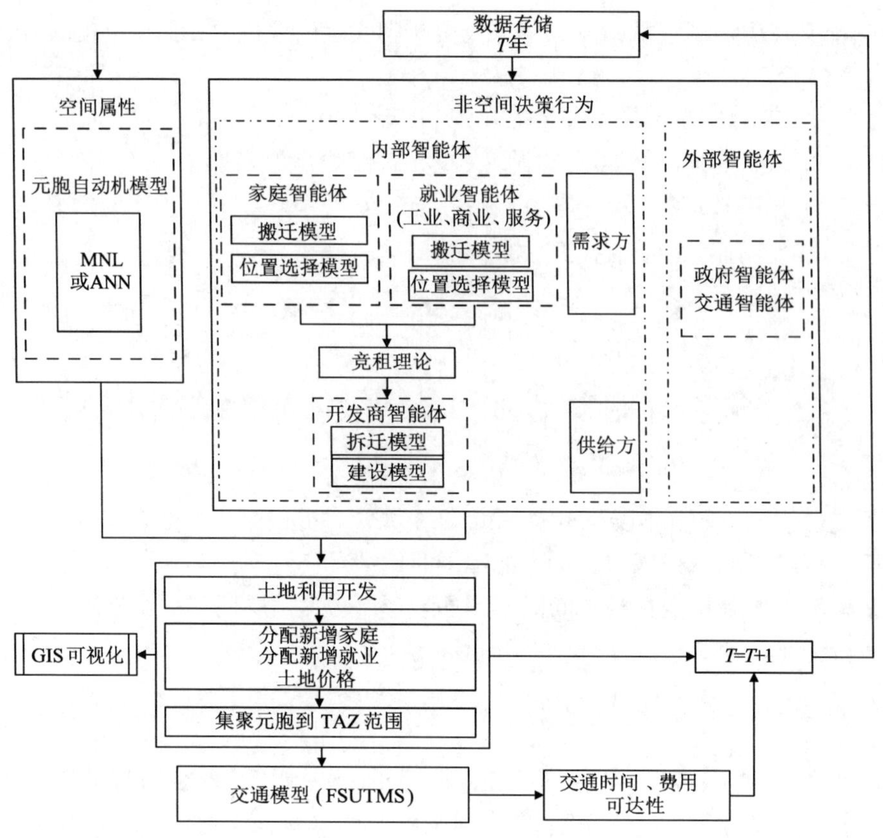

图 4.1　土地利用模型框架

元胞自动机模型用于描述土地利用变化的空间属性。智能体模型则代表土地利用变化中的个体决策行为，包括外部智能体和内部智能体。外部智能体是指主要从全局角度对土地利用变化起作用，由政府智能体、交通智能体构成。外部智能体可看做一个外部输入，它们之间相互不联系。政府智能体用于量化融合交通、土地利用相关政策。交通智能体用于从交通模型中更新交通网络布局、交通设施（如飞机场、火车站）等的土地利用空间布局。

内部智能体主要描述土地利用市场的供给需求动态演化，通过竞租理论相互作用联系。三种内部智能体包括：①家庭智能体：捕捉家庭居住搬迁，住宅位置选择，住房类型选择模型；②就业智能体：以便与 FSUTMS 输入数据一致，将就业部门分为工业、商业以及零售服务，每一就业部门都包括两个子模型，即就业搬迁模型与位置选择模型；③开发商智能体：开发商与土地拥有者决定是否在某一土地元胞上拆迁和新建住宅、公寓，或对应于每个就业部门的相关建筑。

在土地利用市场中，开发商的行为构成市场供给方，而家庭及就业智能体则形成市场需求方。在均衡条件下，土地价格通过竞租理论内生而成，且更新的土地利用价格将反馈给土地利用模型，以作为预测下一时段的土地利用的指标。

4.1.2 微观智能体模型与宏观土地利用变化的结合

图 4.2 显示了提出的连接土地利用空间属性与智能体的微观行为和宏观的土地利用变化现象的框架图。土地变化类型依然按照第 3 章相关方法分类。其中，A 类用地的变化能够通过政府决策者制定的相关政策，在不同时间步骤进行更新；B 类交通供给用地的更新，则可由交通模型 FSUTMS 提供；C 类已开发的交通需求相关用地，某些被移除，变为空地或开发成其他类型用地；D 类土地利用的变化，从时空的角度看，占据总的土地利用变化的很大比例。随着经济发展与人口增长，当现有土地利用不能满足需求时，部分空地元胞将被开发成其他用地。为捕捉从 D 类土地到 LUT 的变化，基于 MNL 或者 ANN 的元胞自动机和多智能体模型来，本章定义 D 类土地到 C 类用地复杂的转换规则。该转换规则也是土地利用空间属性和个体智能体行为的混合作用结果。

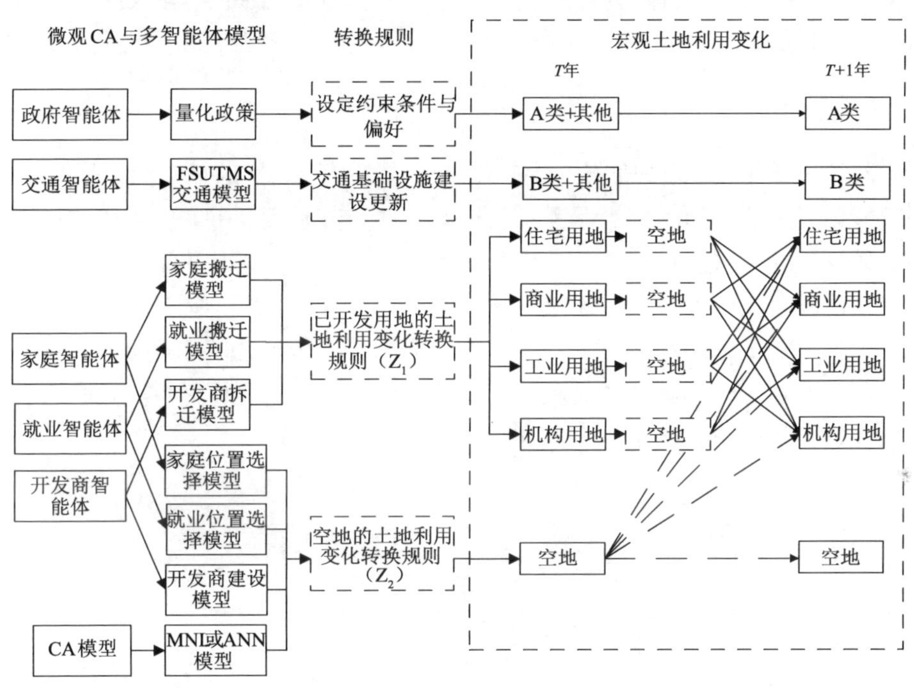

图 4.2　微观 CA-Agent 土地利用模型与宏观土地利用变化的关系图

4.2 基于多智能体的土地利用变化的市场机制

4.2.1 外部智能体

本章将政府智能体考虑为土地利用模型的一个外部智能体。在政府智能体中，通过外部变量决定不同政策，通过量化政策将其融合到土地利用变化中。政府智能体中量化政策模型将土地利用政策（区域规划偏好、城市增长边界、保护区用地规划等）量化成具体约束或偏好指标，并整合到下一时期的土地利用变化规则中。例如，政府对于保护区域的规划，可以解释为一约束条件，通过 ArcGIS 设定边界，确保该保护区域土地不允许开发。政府区域开发偏好，通过对这些小区分配不同偏好指数，并整合到土地利用转化规则中。

政府智能体的政策可量化分为两种：①G_1，限制型，即土地利用开发必须严格服从保护区域不允许开发以及开发边界限制条件；②G_2，优先发展型，即根据政府偏好政策，优先将某些小区开发成相应用地类型。交通网络设施的变化（公路建设、机场、火车站等）则可通过现有交通网络 FSUTMS 数据输出得到，并将 FSUTMS 输出结果表示为 Tr 。“如果—则”的转换规则可描述为

$$\text{如果} i \in G_1(T+1) \text{，则} i \rightarrow \text{Type } A\ (T+1) \tag{4.1}$$

$$\text{如果} i \in G_2(T+1) \text{，则} \text{Pr}_{ik}^{G2} = 1 \text{，否则，} \text{Pr}_{ik}^{G2} = 0 \tag{4.2}$$

$$\text{如果} i \in \text{Tr}(T+1) \text{，则} i \rightarrow \text{Type } B\ (T+1) \tag{4.3}$$

式中，优先发展型 Pr_{ik}^{G2}，将整合到元胞自动机与多智能体结果中，定义土地利用开发转换规则。

4.2.2 内部智能体

在内部智能体中，家庭智能体、就业智能体和开发智能体的相互关系如图 4.3 所示。这三个智能体描述了土地利用市场需求与供给方的相互关系：①家庭智能体用于描述家庭住宅地的搬迁和位置选择行为；②就业智能体包括三个子模块，工业、商业和服务零售就业部门，每个就业部门通过各自的搬迁模型和位置选择模型描述其行为。工业就业智能体行为将影响工业用地的开发，而商业、服务智能体行为将影响商业用地的开发。机构用地等开发通过外部智能体的政策智能体决定。③开发商行为将决定是否拆迁现有的开发用地的建筑，或者在空地中修建新的建筑。

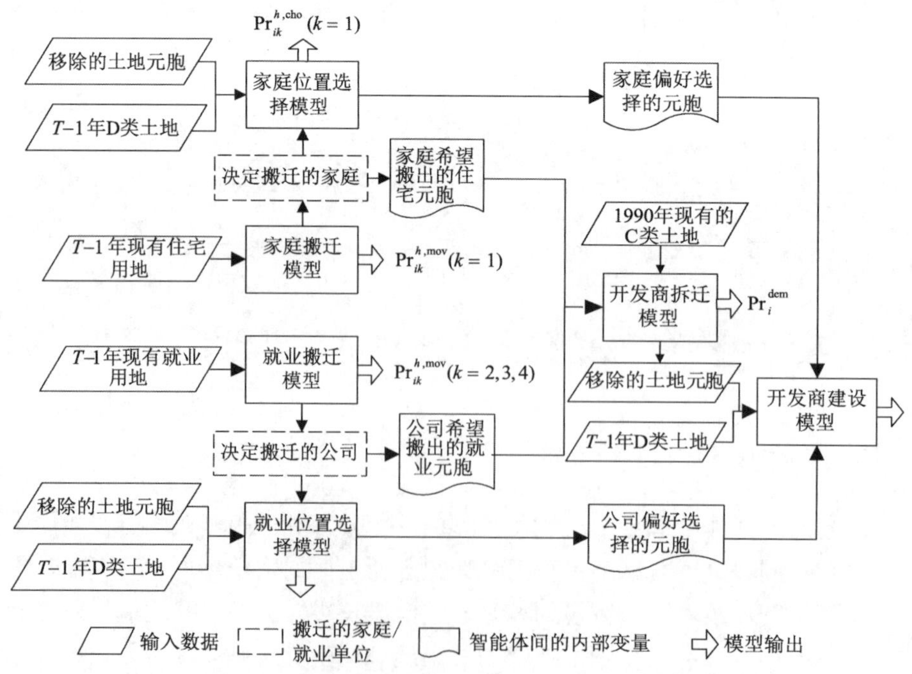

图 4.3 家庭智能体、就业智能体和开发商智能体的内部关系

在家庭和就业智能体的搬迁模型中，现有的家庭和就业智能体将决定是否从当前位置搬出。一旦该家庭或就业公司决定搬迁，则其将并入到下一年新增长的家庭或就业公司中，并在位置选择模型中，一起通过竞租理论选择新的位置。而现有元胞中，其家庭或就业的搬迁概率越高，则该元胞上的建筑将越可能被开发商拆迁移除，因此，搬迁模型的结果是开发商拆迁模型的重要输入之一。

在家庭和就业智能体的位置选择模型中，T–1 年到 T 年间新增的，以及搬迁模型中 T–1 年决定搬迁的家庭或就业公司将选择一具体的位置。可供位置选择的元胞包括 D 类空地元胞以及 T–1 年开发商智能体决定拆除的元胞。位置选择模型结果，即家庭或就业位置选择的概率，也是开发商建设模型的一个重要标准，即家庭或就业选择概率越高的元胞，则被开发的可能性越大。因此，位置选择模型的输出，将作为开发商建设模型的一个输入。下面将描述内部智能体的各子模型，以及采用橙县 1990 年和 2000 年实际数据的参数标定结果。

4.2.3　家庭智能体

家庭根据其社会经济属性（包括其家庭成员数、收入、汽车拥有量等）划分成 $\bar{h}$ 类，新增的及准备搬迁的家庭将随后分配到住宅用地的元胞中。而就业部门又分为工业、商业及零售服务三类。工业类公司将分配到工业类土地元胞，而后两类公司将分配到商业服务类土地元胞。

家庭及就业智能体都考虑了各自的搬迁及位置选择行为。在搬迁模型中，现有的家庭/就业部们将决定是否搬迁，选择其他更为适合的元胞位置。如果某一智能体（家庭/就业）决定搬迁，将与新增的家庭/就业部门一起通过位置选择模型，进行新的位置选择。在位置选择模型中，基于竞租理论，不同类型家庭根据其社会经济属性对不同的住宅元胞进行投标选择，而不同就业部门基于其自身特性及周边环境，对已开发的非住宅元胞进行投标选择。

1. 家庭搬迁模型

家庭搬迁模型采用二元 Logit 模型，以计算现有家庭住户从当前住宅元胞 i 搬离的概率，$\mathrm{Pr}_{ik}^{h,\mathrm{mov}}$。假设第 h 类家庭搬迁的效用与其家庭属性 $I_{h,\mathrm{mov}}$（如家庭人数、年龄、收入等）、当前住宅元胞的属性 O_i（如周边空置住房数量、住房拥有率等）以及交通可达性 A_i 相关，即有

$$u_{ik}^{h,\mathrm{mov}} = w_{1,\mathrm{mov}} I_{h,\mathrm{mov}} + w_{2,\mathrm{mov}} O_i + w_{3,\mathrm{mov}} A_i \tag{4.4}$$

式中，w 为对应各指标的参数。假设效用函数 $u_{ik}^{h,\mathrm{mov}}$ 服从参数为 ξ 的IID Gumbel分布，则搬迁概率 $\mathrm{Pr}_{ik}^{h,\mathrm{mov}}$ 可表示为

$$\mathrm{Pr}_{ik}^{h,\mathrm{mov}} = \frac{\exp(\xi u_{ik}^{h,\mathrm{mov}})}{1 + \exp(\xi u_{ik}^{h,\mathrm{mov}})} \tag{4.5}$$

2. 家庭位置选择模型及校正结果

家庭位置选择采用竞租理论下，采用愿支付函数，土地元胞被最高竞价者获得。与3.1.3 小节相同，推理可得，对于第 h 类家庭，元胞 i 为可选家庭位置，则第 h 类家庭对元胞 i 愿意支付函数 B_{hi} 可表示为

$$B_{hi} = -b_h + z_{hi}(\eta_{i1}) - \sum_p M_h^p \varphi_{hi}^p(t) \tag{4.6}$$

则投标概率，$\mathrm{Pr}_{h/i}$，h 类居民为居民住宅用地元胞 i 的最高竞价的竞价概率可表示为

$$\mathrm{Pr}_{ik}^{h,\mathrm{bid}} = \frac{\exp(\theta B_{ik}^h)}{\sum_h \exp(\theta B_{ik}^h)}, \ (\forall h = 1, 2, \cdots, \bar{h}; k = 1) \tag{4.7}$$

根据竞租理论，位置 i 的租金价格可表示为

$$r_{ik} = E[\mathop{\mathrm{Max}}_h \tilde{B}_{hi}^k(i)] = \frac{1}{\theta}\ln\left(\sum_h \exp(\theta B_{hi}^k)\right) + \frac{\gamma}{\theta} \tag{4.8}$$

则选择概率，$\mathrm{Pr}_{ik}^{h,\mathrm{cho}}$，即居民住宅用地元胞 $i \in \Omega_1$ 能产生最高效用的概率可表示为

$$\mathrm{Pr}_{ik}^{h,\mathrm{cho}} = \frac{\exp(\theta(B_{hi}^k - r_{ik}))}{\sum_i x_{i1}\exp(\theta(B_{hi}^1 - r_{ik}))} \tag{4.9}$$

4.2.4 就业智能体

1. 就业搬迁模型

就业智能体由三部门构成：商业智能体、服务智能体和工业智能体。根据各部门类型不同，该三类就业部门的搬迁模型及位置选择模型参数标定都是独立的。就业搬迁模型主要考虑到的因素有就业公司类型、规模，土地价格，当前元胞位置的空间特性以及交通时间：

$$u_{ik}^{h,\mathrm{mov}} = \gamma_1 \mathrm{Em}_k + \gamma_2 \mathrm{Lp}_i + \gamma_3 \mathrm{Nei}_i + \gamma_4 T_i \qquad (k=2,3,4) \tag{4.10}$$

式中，k=2,3,4分别表示商业、服务和工业部门。以工业就业搬迁模型为例，根据二元Logit选择模型，就业部门搬迁的概率可表示为

$$\mathrm{Pr}_{i4}^{h,\mathrm{mov}} = \frac{\exp(\xi u_{i4}^{h,\mathrm{mov}})}{1 + \exp(\xi u_{i4}^{h,\mathrm{mov}})} \tag{4.11}$$

2. 就业位置选择模型

就业部门位置选择模型也通过竞租理论描述。基于城市经济理论和现有数据，就业部门位置选择考虑的愿支付函数包括就业部门属性与集聚经济相关因素。就业部门集聚经济的属性主要包括总的通勤时间、周围邻居属性、与离就业中心点的距离等相关因素。

因此，就业位置选择模型考虑的参数与搬迁模型相似，可表达为

$$B_{hi,k} = \lambda_1 \mathrm{Em}_k + \lambda_2 \mathrm{Lp}_i + \lambda_3 \mathrm{Nei}_i + \lambda_4 T_i \qquad (k=2,3,4) \tag{4.12}$$

式中，后三项分别为土地利用价格、元胞邻居属性和交通时间，可以看作为集聚经济相关因素，从而进一步分析不同就业部门与相同就业部门的位置选择中的互补、竞争关系。就业部门选择概率可以表示为

$$\mathrm{Pr}_{ik}^{h,\mathrm{bid}} = \frac{\exp(\theta B_{hi,k})}{\sum_i \exp(\theta B_{hi,k})} \quad (k=2,3,4) \tag{4.13}$$

4.2.5 开发商智能体

1. 拆迁模型

为了产生最大的利润，满足家庭和就业的需要，开发商决定房产开发的位置和建筑类型。开发商智能体中包括两个模型描述：拆迁模型与建设模型。在拆迁模型中，开发商决定现有 C 类用地中的建筑，是否被拆迁或保持不变。在建设模型中，考虑现有空地 D 类用地的开发建设，以及 C 类中被拆迁土地元胞的重新开发行为。

C 类土地中的搬迁行为，其搬迁效用函数可表述为

$$u_i^{\mathrm{dem}} = \sum_k \delta_{ik}(w_{1,\mathrm{dem}} m_{ik} + w_{2,\mathrm{dem}} v_{ik}) - w_{3,\mathrm{dem}} c_i^{\mathrm{dem}} \tag{4.14}$$

式中，δ_{ik} 为元胞i中的土地类型特征变量。例如，如果该C类元胞i为住宅用地，则 $\delta_{i1}=1$；若为商业用地，则 $\delta_{i2}=1$。c_i^{dem} 表示拆迁费用，v_{ik} 表示建筑不拆迁情况下的维护费用。m_{ik} 为现有用户（家庭或就业部门）的期望搬迁效用。如果某元胞的用户（居民或就业部门）搬迁效用高，愿意搬迁，则开发商更可能会拆迁该元胞的建筑，以减少损失。可推导出，期望搬迁效用 m_{ik} 可表示为

$$m_{ik} = \frac{1}{\xi} \ln\left(\sum_h \exp(\xi u_{ik}^{h,\mathrm{mov}})\right) + \frac{\gamma}{\xi} \tag{4.15}$$

式中，$u_{ik}^{h,\mathrm{mov}}$ 表示k类土地类型的元胞i中h类用户的搬迁效用，其服从参数为 ξ 的IID Gumbel分布。

开发商搬迁行为通过采用二元多项式模型描述，现有以开发元胞 i 被拆迁的概率可表示为

$$\mathrm{Pr}_i^{\mathrm{dem}} = \frac{\exp(\sigma_{\mathrm{dem}} u_i^{\mathrm{dem}})}{1+\exp(\sigma_{\mathrm{dem}} u_i^{\mathrm{dem}})} \tag{4.16}$$

2. 建设模型

对于 D 类空地元胞及 C 类中被拆迁的元胞而言，开发商的建设开发效用函数可定义为元胞的住房租金与建设成本的差价。将 D 类空地元胞及 C 类中被拆迁的元胞修建

为属于 k 类土地利用的建筑的效用（利润）可表示为

$$u_{ik}^{\mathrm{con}} = w_{1,\mathrm{con}} r_{ik} - w_{2,\mathrm{con}} l_{ik} - w_{3,\mathrm{con}} c_{ik}^{\mathrm{con}} - w_{4,\mathrm{con}} v_{ik} \tag{4.17}$$

式中，住房租金 r_{ik} 可由式（4.8）得到。而建设成本主要包括购买土地费用 l_{ik}，建筑修建费用 c_{ik}^{con} 以及维修费用项 v_{ik}。此外，假设该费用函数为服从独立同分布（IID）的 Gumbel 分布，则可得到基于多项式 Logit 模型的最优供给概率。对于每一个空地元胞 i，开发商将其开发成 k 类土地建筑的概率可表示为

$$\mathrm{Pr}_{ik}^{\mathrm{con}} = \frac{\exp(\sigma_{\mathrm{con}} u_{ik}^{\mathrm{con}})}{\sum_k \exp(\sigma_{\mathrm{con}} u_{ik}^{\mathrm{con}})} \tag{4.18}$$

4.3 面向市场供给需求均衡的多智能体土地利用模型

考虑土地利用市场中的两类均衡，土地利用开发均衡与供给需求均衡。在土地利用开发均衡中，某些空地元胞将被开发，以及现有的一些已开发土地将被拆迁或重新开发，以满足土地利用需求的变化。土地利用开发均衡的实现在基于栅格元胞范围内进行。在供给需求市场均衡中，每个家庭与就业单位都能分配到某一具体元胞位置，同时该被选择的位置应满足消费者最高出价，以及位置开发商收益最大化。

4.3.1 土地利用开发均衡

通过采用两个整数线性规划描述土地开发均衡：①优化模型 Z_1，描述现有与交通需求相关的 C 类用地的变化，即拆迁或保持不变；Z_1 可以看作为现有 C 类土地的转换规则。②优化模型 Z_2，描述空地的土地利用开发，Z_2 可以看作为现有空地的转换规则。空地元胞包括两类：现有 D 类空地和 Z_1 结果中被拆迁的土地元胞，以满足家庭与就业的位置选择需要。为描述 C 类土地利用的变化，Z_1 应用到了家庭与就业智能体中的搬迁模型与开发商拆迁模型。而描述 D 类土地与 C 类中被拆迁土地元胞的变化时，Z_2 主要包括元胞自动机模型、位置选择模型以及开发商的建设模型。表 4.1 显示了 Z_1、Z_2 与应用到的子模型的关系。

优化模型 Z_1 用于建模现有的需求相关的 C 类土地拆迁行为。为最大化整个区域的拆迁概率，该模型考虑到的因素有家庭就业智能体的搬迁偏好，开发商智能体的拆迁行为，可描述为

$$Z_1 = \max_{y_{ik}} \sum_{i \in \Omega_C} (w_k^1 y_{ik} N_{ik} \mathrm{Pr}_i^{\mathrm{dem}} + w_k^2 \sum_h \mathrm{Pr}_{ik}^{h,\mathrm{mov}}) \tag{4.19}$$

$$\text{s.t.} \qquad y_{ik} = 1 \text{或} 0 \tag{4.20}$$

$$\sum_i y_{ik} N_{ik} \leqslant M_k, \qquad i \in \Omega_C \tag{4.21}$$

式中，y_{ik} 表示 k 类用地元胞 i 是否拆迁的特征变量，若 y_{ik} 等于 1，则元胞 i 将重新设置

为空地，且该元胞的所有用户 N_{ik} 将需在位置选择模型中重新分配。w_k^1 和 w_k^2 为相应权重。为决定搬迁的家庭或就业部门的约束总量，可通过往年搬迁数据估计获得。

表 4.1　土地利用变化类型与对应使用的相关 CA-Agent 子模型

	土地利用变化		模型										
				多智能体模型									
	初始类型	变化后类型	CA	家庭智能体		就业智能体							
				HH LCM	HH MM	IND LCM	IND MM	COM LCM	COM MM	SER LCM	SER MM	CON	DEM
Z_2	D 类	RESL	√	√								√	
	D 类	INDL	√			√						√	
	D 类	COML	√					√		√		√	
	D 类	INSL	√									√	
Z_1	RES	Non-RESL			√								√
	IND	Non-INDL					√						√
	COM	Non-COML							√		√		√

注：RESL = 住宅用地；INDL = 工业用地；COML = 商业用地；INSL= 机构用地；Non-RESL= 非住宅用地；Non-INDL=非工业用地；Non-COML=非商业用地；HH=家庭智能体，COM = 商业就业类智能体，SER = 零售服务就业类智能体；IND = 工业就业类智能体，LCM = 位置选择模型，MM = 搬迁模型，CON = 开发商建设模型；DEM = 开发商拆迁模型

优化模型 Z_2 可表示为

$$Z_2 = \max_{(x_{ik},S_{ik})} \sum_{i\in\Omega_D+\{i|y_{ik}=1\}} \sum_k x_{ik}\left(w_k^3 \mathrm{Pr}_{ik}^{\mathrm{CA}} + w_k^4 \mathrm{Pr}_{ik}^{\mathrm{con}} + w_k^5 \sum_h \mathrm{Pr}_{ik}^{h,\mathrm{cho}} + w_k^6 \mathrm{Pr}_{ik}^{G2}\right) \tag{4.22}$$

$$\text{s.t.} \quad \sum_k x_{ik} \leqslant 1 \text{ and } x_{ik} = 1\text{或}0 \tag{4.23}$$

$$\sum_i x_{ik} \leqslant Q_k^T \tag{4.24}$$

其中，式（4.22）中四项分别用于最大化总土地利用开发的空间适应度、开发商利润、各智能体的位置选择概率以及政府开发偏好。w_k^3，w_k^4，w_k^5 和 w_k^6 为相应权重。特征变量 x_{ik} 表示是否将元胞 i 开发成 k 类土地。Q_k^T 为第 T 年新开发的 k 类土地利用面积的上限，本章采用 50m×50m 的元胞个数决定。

约束条件式（4.23）表明每个土地利用元胞能且只能开发成一种土地类型。约束条件式（4.24）可以确保每种土地类型的新开发土地利用面积在最大供给界定 Q_k^T 内。模型 Z_1 和 Z_2 的输出结果（x，y），为土地利用基于土地栅格范围的变化结果，也可将该输出结果看作土地利用元胞变化的转化规则。

4.3.2 土地利用市场的供给需求均衡

土地利用市场供给均衡定义为所有智能体（家庭/就业部门）都分配在已开发的土地利用元胞中。对于供给方，根据最大化开发商的利润（式（4.18）），则元胞 i 中土地类型 k 的最优供给量为

$$S_{ik} = S_k \frac{x_{ik} \exp(\sigma_{\text{con}} u_{ik}^{\text{con}})}{\sum_i x_{ik} \exp(\sigma_{\text{con}} u_{ik}^{\text{con}})} \tag{4.25}$$

式中，S_k 为 k 类土地总供给量，特征变量 x_{ik} 用于确保元胞 i 开发成 k 类用地。例如，如果 $x_{i1}=1$，则元胞将开发成住宅土地，开发商将修建住宅建筑，且住房供给量为 S_{ik}。

对每一个 k 类的土地利用元胞，开发商从 $\bar{h}$ 类用户中选择最高竞价者作为其用户。根据式（4.7），分配在每个新开发的土地类型 k 元胞 i 的决策提数量为

$$N_{ik}^h = S_{ik} \frac{x_{ik} \exp(\theta B_{ik}^h)}{\sum_h x_{ik} \exp(\theta B_{ik}^h)} \tag{4.26}$$

式（4.25）为模拟了每个位置 i 基于随机竞价的拍卖过程。组合式（4.25）和式（4.26），可得土地供给需求均衡：

$$\sum_h N_{ik}^h = S_{ik} \tag{4.27}$$

$$S_k = \sum_i S_{ik} \tag{4.28}$$

$$\sum_i \sum_h N_{ik}^h = \sum_i S_{ik} \tag{4.29}$$

式（4.27）表示每个元胞土地 i 其建筑供给与需求的均衡。式（4.28）表示 k 类土地总供给与所有 k 类元胞位置之和。由式（4.27）与式（4.28）可得到整个研究区域的供给和需求均衡，即式（4.29）。

总之，通过土地利用开发均衡，可得到基于 50m×50m 的土地利用变化，包括新开发的土地元胞以及现有交通需求相关用地的变化。而供给需求均衡模型则可得到这些变化元胞中的家庭/就业数量变化，也是交通模型 FSUTMS 的必要输入。

4.4 智能体的参数校正结果

4.4.1 家庭搬迁模型校正结果

表 4.2 显示了家庭搬迁模型参数校正结果。校正参数可看出，家庭搬迁概率随着家庭规模增加、上学小孩人数增加、50 岁以上老人人数增加而降低。而家庭工作成员增多

或收入增加以及周围空置住宅单位越多，则会增加家庭搬迁的概率。

表 4.2　家庭搬迁模型校准结果

项目	属性描述	系数	T-统计值
家庭特征	常数	1.432	30.18
	家庭成员人数	−0.139	−9.15
	家庭工作人员人数	0.213	10.11
	5～17 岁小孩人数	−0.040	−2.30
	超过 50 岁成员数	−0.909	−11.97
	家庭平均收入（/1000）	0.017	4.37
当前元胞特性	空置住房单元量	0.156	5.09
	占有比例	−0.088	−9.80
因变量	$\Pr_{ik}^{h,\mathrm{mov}}$，家庭从当前所在的家庭住宅元胞 i 搬出的概率		

4.4.2　家庭位置选择模型校正结果

在位置选择模型中，愿支付函数通过 1990 年与 2000 年的样本元胞中家庭信息变化进行校准。

表 4.3 显示了参数校准结果。可以看出，元胞邻居中商业用地、机构用地、住宅用地元胞的个数对家庭位置选择具有正面影响。即家庭智能体更偏向于选择周边分布商业、教育机构或已有的住宅区的土地元胞。在各种出行目的下总的行程时间对家庭住宅选择有反作用，即如果空地元胞 i 具有较长的出行时间，则会减少其变成住宅用地的可能性。

表 4.3　家庭位置选择模型参数校正结果

项目	属性描述	系数	T-统计值
	常数	−1.730	−52.41
家庭特征（$-b_h$）	收入	0.004	5.01
	家庭成员数	0.277	40.06
邻居属性（z_{hi}）	Moore 领居中商业用地元胞个数	0.087	15.64
	Moore 领居中机构用地元胞个数	0.046	5.58
	Moore 领居中住宅用地元胞个数	0.533	197.62
交通出行时间（T_{hi}）	不同出行目的下家庭总出行时间	−0.405	−13.07
因变量	$\Pr_{i1}^{h,\mathrm{cho}}$，$h$ 类家庭选择住宅位置 i 的概率		

4.4.3 就业搬迁模型校正结果

以 1990 年为基准年，2000 年为目标年，随机选择搬迁和未搬迁的各类就业部门作为样本，各就业部门的搬迁模型参数校正结果如表 4.4 所示。可以看出，对所有部门，到现状就业部门的交通时间的参数为正数，这表明离现有的就业部门位置越远的公司，越可能从当前位置搬出。对于元胞属性，以工业就业部门校正结果为例，可以看出若元胞领域附近的工业部门越多，则其搬迁的可能性会越少。而对于土地利用价格属性，元胞位置的土地价格越高，则就业部门越容易搬出。

表 4.4 就业部门搬迁模型参数校正结果

就业搬迁模型	属性描述	商业就业		服务就业		工业就业	
		系数	T-统计值	系数	T-统计值	系数	T-统计值
	常数项	–0.979	–12.57	–0.948	–11.85	–0.127	–1.01
就业特性	就业规模	0.117	33.07	0.050	32.09	0.089	15.41
邻居属性	Moore 邻居商业元胞数	–0.099	–15.22	–0.110	–16.56	N/A	N/A
	Moore 邻居工业元胞数	N/A	N/A	N/A	N/A	–0.145	–12.16
交通时间	离商业中心总行程时间	0.046	14.96	0.044	13.70	N/A	N/A
	离工业中心总行程时间	N/A	N/A	N/A	N/A	0.013	2.42
	离主干道距离	0.002	5.83	0.005	13.97	0.001	1.52
	离 CBD 距离	–0.002	–4.69	–0.006	–16.77	0.004	7.23
土地价格	土地价格	0.002	7.32	0.001	4.41	0.003	7.03
因变量	$Pr_{ik}^{h,mov}$，h 类公司搬迁类土地利用类型元胞 i 的概率（k=2,3,4）						

注：N/A 为未被采用或数据不可用

4.4.4 就业位置选择模型校正结果

每个就业部门愿支付函数的模型参数校准结果详见表 4.5。可以看出，元胞到现有商业中心的总行程时间，对商业服务就业部门的位置选择具有负面作用。即离商业中心行程时间越长，该元胞开发成商业服务用地的可能性越小，表明商业部门偏好于选择群集，这主要因为群集能够降低生产成本，且能保证并吸引更多的供应商和客户。

类似的结果也可从周围 50m 和 2000m 的邻居属性得到。元胞的邻居中住宅元胞越多，则更能够吸引商业和服务就业部门选择该元胞位置，因为该位置能够确保一定数量的潜在客户。与此相反，对于工业就业部门的位置选择，元胞的邻居属性中，住宅元胞个数对应系数为负数，元胞邻居中住宅元胞个数越多，则开发成工业用地的可能性越小。这表明，工业用地更倾向选择周边住宅用地较少的元胞。各就业部门位置选择模型中，土地利用价格对应参数为负，也就是说，元胞的土地价格越高，则导致就业部门选择该元胞的可能性越小。而到机场和主要道路的可达性越高，就业部门越容易被选择。

表 4.5　各就业部门位置选择模型校准结果

项目	属性描述	商业就业		服务就业		工业就业	
		系数	T-统计值	系数	T-统计值	系数	T-统计值
	常数	0.525	7.45	−1.0987	−22.13	−1.5236	−29.97
就业部门特性	就业规模	0.032	14.54	0.0314	49.87	0.3793	58.49
邻居属性	500m 内商业元胞数	0.001	31.60	0.0013	55.69	N/A	N/A
	500m 内工业元胞数	N/A	N/A	N/A	N/A	0.0002	3.53
	2000m 内住宅元胞数	0.003	15.32	0.0039	29.17	−0.0004	−2.14
集聚经济属性	离商业中心行程时间	−1.828	−30.48	−1.3165	−37.55	−0.2731	−8.54
	离工业中心行程时间	1.794	30.02	1.2971	37.25	0.2613	8.38
	离主干道距离	−4.1E−06	−0.94	−3.1E−06	−0.09	0.0000	−0.69
	离 CBD 距离	−0.003	−11.05	0.0007	3.17	−0.0014	−6.60
	离商业中心距离	−0.010	−19.64	−0.0031	−12.02	N/A	N/A
	离工业区距离	N/A	N/A	N/A	N/A	0.0013	5.29
	土地价格	−0.002	−8.30	−0.0021	−10.42	−0.0015	−6.22
因变量	$\Pr_{ik}^{h,\text{cho}}$，h 类公司选择类土地利用类型元胞 i 的概率（k=2,3,4）						

注：N/A 为未被采用或数据不可用

4.5　MNL-CA-Agent 模型土地利用变化的预测性能

4.5.1　MNL-CA-Agent 模型中现有 C 类土地利用变化预测

根据橙县的实际 GIS 数据，针对提出的元胞自动机与多智能体组合土地利用模型，本节采用三步骤进行验证基于 50m×50m 栅格元胞范围的土地利用变化。

（1）随机选择 50%元胞样本，以 1990 年的土地利用数据作为基准年，对模型参数进行校准；

（2）采用标定的模型，根据优化模型 Z_1 和 Z_2 预测 2000 年土地利用开发情况；

（3）对比实际观测和预测的 2000 年土地利用结果，确定模型的仿真精度。

根据优化模型 Z_1，现有交通需求相关用地（C 类）能够通过模型结果（y_{ik}）得到，即 C 类土地中的每个元胞是否移除或者保持不变。

图 4.4 显示了模型对现有住宅用地元胞变化的模拟结果，包括被移除的元胞以及其重新开发成其他用地的元胞。从图 4.4（a）中可看出，部分住宅元胞，尤其是离城市中

心地带（CBD）较远的，都被移除为非住宅用地。而这些非住宅用地，某些又被重新开发为其他用地类型（图 4.4（b））。

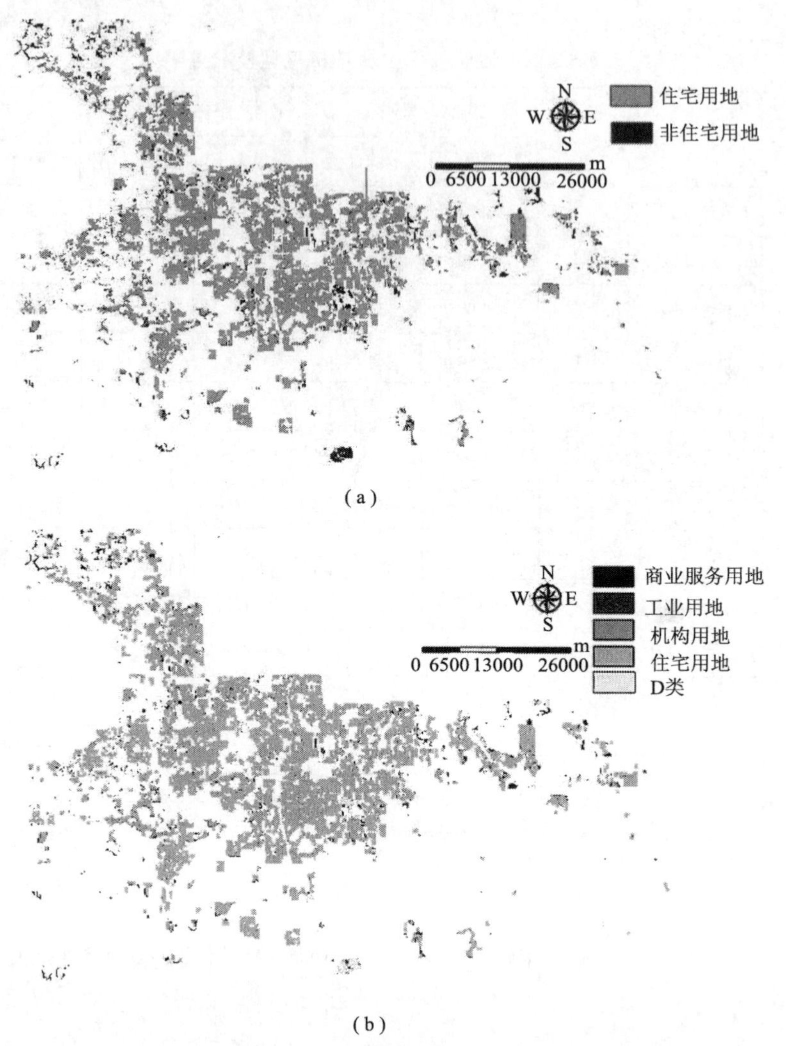

图 4.4　C 类土地利用变化仿真结果

（a）现有住宅用地移除结果；（b）移除的住宅用地重新开发结果

采用 3.3.4 小节中的相同比较法评估模型结果，该模型能够模拟 C 类土地利用移除的精度分别为：住宅用地 75.1%，商业用地 65.03%，工业用地 53.95%。

4.5.2　MNL-CA-Agent 模型土地利用变化的预测性能

为了评估模型仿真精度，本节采用 3.3.4 小节中的融合矩阵对比预测与实际的土地利用结果（Li et al.，2008）。表 4.6 显示了基于栅格元胞的融合矩阵对比结果。第 4 章的结果表明，对于交通相关用地 LUT，融合矩阵结果中，元胞自动机模型的精度只有 74.7%。从表 4.6 中可以看出，当与多智能体模型结合后，精度有显著提高（约为 11%），达到了 85.7%。当考虑所有土地类型的土地利用变化仿真精度时，组合的元胞自动机与多智能体模型能够达到更高的精度，约为 87.6%。

表 4.6　MNL-CA-Agent 土地利用模型结果与实际数据的融合矩阵对比结果

<table>
<tr><th colspan="3" rowspan="3">不同土地类型基于栅格对比结果
（元胞个数）</th><th colspan="7">模型仿真结果</th><th rowspan="3">精度/%</th></tr>
<tr><th rowspan="2">A 类</th><th rowspan="2">B 类</th><th colspan="4">C 类</th><th rowspan="2">D 类</th></tr>
<tr><th>RESL</th><th>COML</th><th>INDL</th><th>INSL</th></tr>
<tr><td rowspan="7">实际结果</td><td colspan="2">A 类</td><td>89261</td><td>518</td><td>424</td><td>378</td><td>262</td><td>321</td><td>19675</td><td>80.5</td></tr>
<tr><td colspan="2">B 类</td><td>309</td><td>19160</td><td>492</td><td>656</td><td>634</td><td>642</td><td>16888</td><td>49.4</td></tr>
<tr><td rowspan="4">C 类</td><td>RESL</td><td>1651</td><td>659</td><td>163465</td><td>2889</td><td>223</td><td>1701</td><td>5995</td><td>92.6</td></tr>
<tr><td>COML</td><td>524</td><td>1673</td><td>1495</td><td>43255</td><td>2130</td><td>1506</td><td>3964</td><td>79.3</td></tr>
<tr><td>INDL</td><td>91</td><td>216</td><td>502</td><td>3460</td><td>5926</td><td>90</td><td>1383</td><td>50.8</td></tr>
<tr><td>INSL</td><td>565</td><td>330</td><td>1468</td><td>2110</td><td>245</td><td>12931</td><td>2635</td><td>63.7</td></tr>
<tr><td colspan="2">D 类</td><td>4748</td><td>3670</td><td>1083</td><td>3752</td><td>2318</td><td>1627</td><td>609145</td><td>97.3</td></tr>
<tr><td colspan="10">所有土地利用类型精度/%</td><td>87.6</td></tr>
<tr><td colspan="10">LUT（交通相关用地类型）精度/%</td><td>85.7</td></tr>
</table>

注：RESL＝ 住宅用地；INDL＝ 工业用地；COML＝ 商业服务用地；INSL= 机构用地；Non-RESL= 非住宅用地；Non-INDL=非工业用地

较高的预测精度结果表明，所提出的元胞自动机多智能体土地利用模型能够足够精确地模拟土地利用变化。住宅、商业、工业和机构用地的精度分为 92.6%、79.3%、50.8% 和 63.7%。预测和实际的 2000 年土地利用地图比较见图 4.5。该图表明，基于 MNL-CA-Agent 的土地利用变化预测结果基本与实际图相似，且新开发的土地利用元胞都主要分布在城市交通网络沿线。与第 4 章的 MNL-CA 模型相比，与 Agent 模型结合后，模型能够有效提高土地利用开发精度。

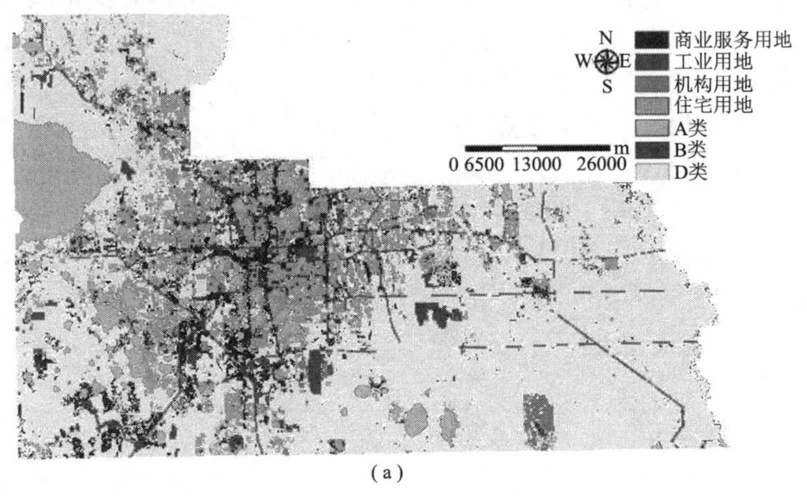

（a）

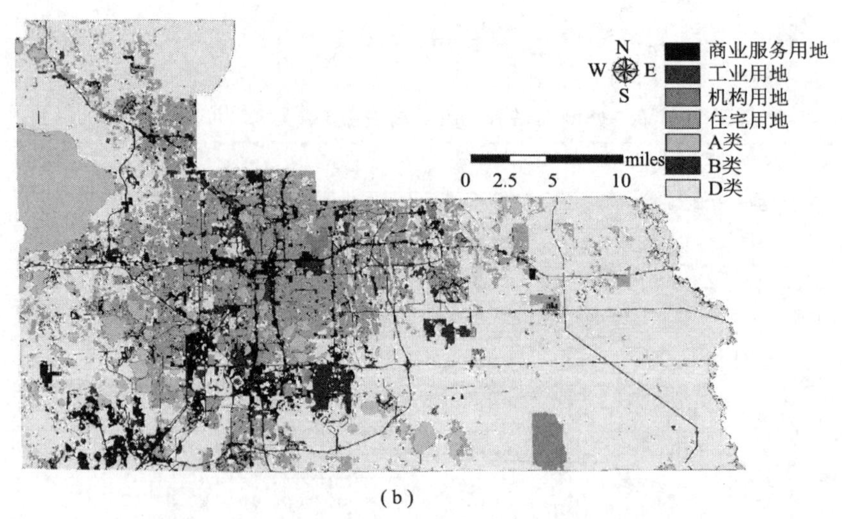

（b）

图 4.5 预测和实际的 2000 年土地利用地图比较图

（a）MNL-CA-Agent 模型结果图；（b）实际土地利用开发结果图

4.5.3 ANN-CA-Agent 结果

将 ANN-CA 模型与多智能体模型耦合后，程序总运行时间由原来的 26 分钟增加到 4 小时 32 分钟。其中，整合模型运行包括数据处理、ANN 模型与多智能体模型的校正以及基于模型 Z1 和 Z2 的优化问题求解，最后输出模拟的土地利用开发结果。

为验证基于神经网路和多智能体的土地利用模型结果，本章讨论了四种情况：①单独采用单隐藏层的单层神经网络；②单独采用三隐藏层的多层神经网络；③组合单层神经网络和多智能体模型；④组合多层神经网络和多智能体模型。在前两种情况中，只考虑了基于空间属性 $\mathrm{Pr}_{ik}^{\mathrm{Sp}}$ 下，1990 年 D 类土地利用类型向交通相关用地的转换。在后两种情况中，优化模型 Z_1 和 Z_2 用于决定多种土地利用之间的转换，包括 1990 年中所有土地利用的变化。

采用方法确定评估模型精度，上面四种情况下的精度详见图 4.6。可以看出，组合神经网络与多智能体模型，比单独使用神经网络模型精度更高。尤其对于工业用地，单独使用神经网路的精度非常低（情况 1 中只有 2.6%，情况 2 中为 5.8%），而组合神经网络与多智能体模型的工业用地模拟精度超过了 50%。结果表明，神经网络对于大规模（面积大）土地利用类型的模拟精度较高，但对于小规模土地利用类型的鲁棒性差，精度低。例如，从 1990 年 D 类土地变为工业用地的元胞数量仅为 2010 个，单独使用神经网络的情况 1 和情况 2 中，精度非常低。也就是说，多智能体模型能够很好地弥补神经网络模型的这一缺陷。在情况 4 中，可以看出，2000 年从 1990 年 D 类土地利用类型转变为交通需求相关用地的精度能够达到 86%。即组合的神经网络和多智能体模型对土地利用模拟结果较好。

表 4.7 列出了情况 4 中基于元胞栅格范围的融合矩阵，以将组合多层神经网络和多智能体模型结果，与实际 2000 年土地利用数据对比。可以看出，对于交通需求相关土地和所有土地类型的精度分别为 87.7%和 89.8%。这表明，组合的神经网络和多智能体

模型能够很好地模拟土地利用变化。住宅用地、商业用地、工业用地和机构用地的精度分别为 93.9%、81.2%、61.2%和 66.7%。

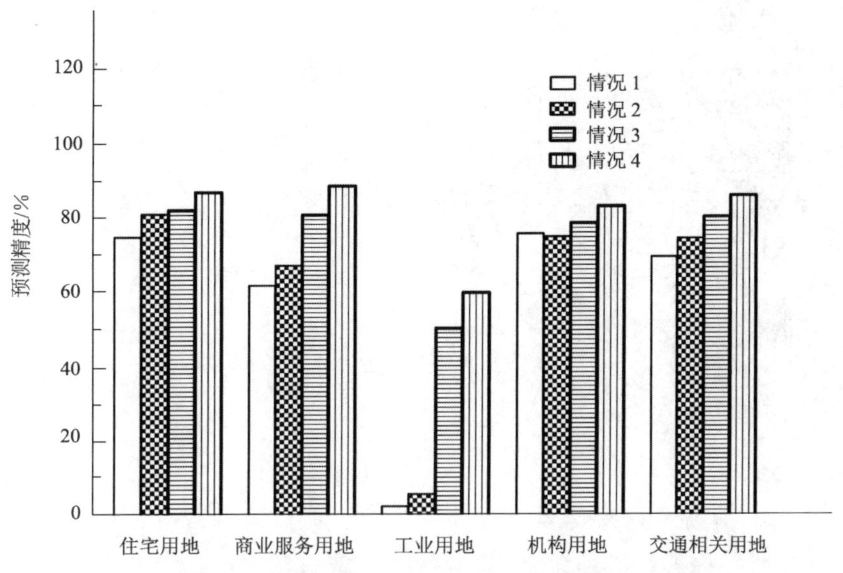

图 4.6 四种情况下的不同土地类型精确度对比

情况 1：单层神经网络；情况 2：多层神经网络；
情况 3：组合单层神经网络和多智能体；情况 4：组合多层神经网络和多智能体

表 4.7 ANN-CA-Agents 土地利用模型结果与实际数据的融合矩阵对比结果

不同土地类型基于栅格对比结果（元胞个数）			MNL-CA 模型仿真结果							精度/%
			A 类	B 类	C 类				D 类	
					RESL	COML	INDL	INSL		
实际结果	A 类		89261	518	2074	1334	191	129	17332	80.5
	B 类		309	19160	1342	2386	462	523	14599	49.4
	C 类	RESL	1651	659	165819	3553	525	1180	3196	93.9
		COML	524	1673	3106	44336	3057	964	887	81.2
		INDL	91	216	255	2884	7140	30	1052	61.2
		INSL	565	330	2561	1497	227	13525	1579	66.7
	D 类		4748	3670	1083	15165	4230	2507	1957	94.8
所有土地利用类型精度/%										89.8
LUT（交通相关用地类型）精度/%										87.7

注：RESL = 住宅用地；INDL = 工业用地；COML = 商业服务用地；INSL= 机构用地；Non-RESL= 非住宅用地；Non-INDL=非工业用地

预测和实际的 2000 年土地利用地图比较见图 4.7。该图表明，住宅用地和商业用地主要分布在城市中心和交通沿线地带，且预测结果图与实际图基本吻合。

N
W
E
S
商业服务用地
工业用地
机构用地
住宅用地
A类
B类
D类
miles
0
2.5
5
10

(a)

N
W
E
S
商业服务用地
工业用地
机构用地
住宅用地
A类
B类
D类
miles
0
2.5
5
10

(b)

N
W
E
S
商业服务用地
工业用地
机构用地
住宅用地
A类
B类
D类
miles
0
2.5
5
10

(c)

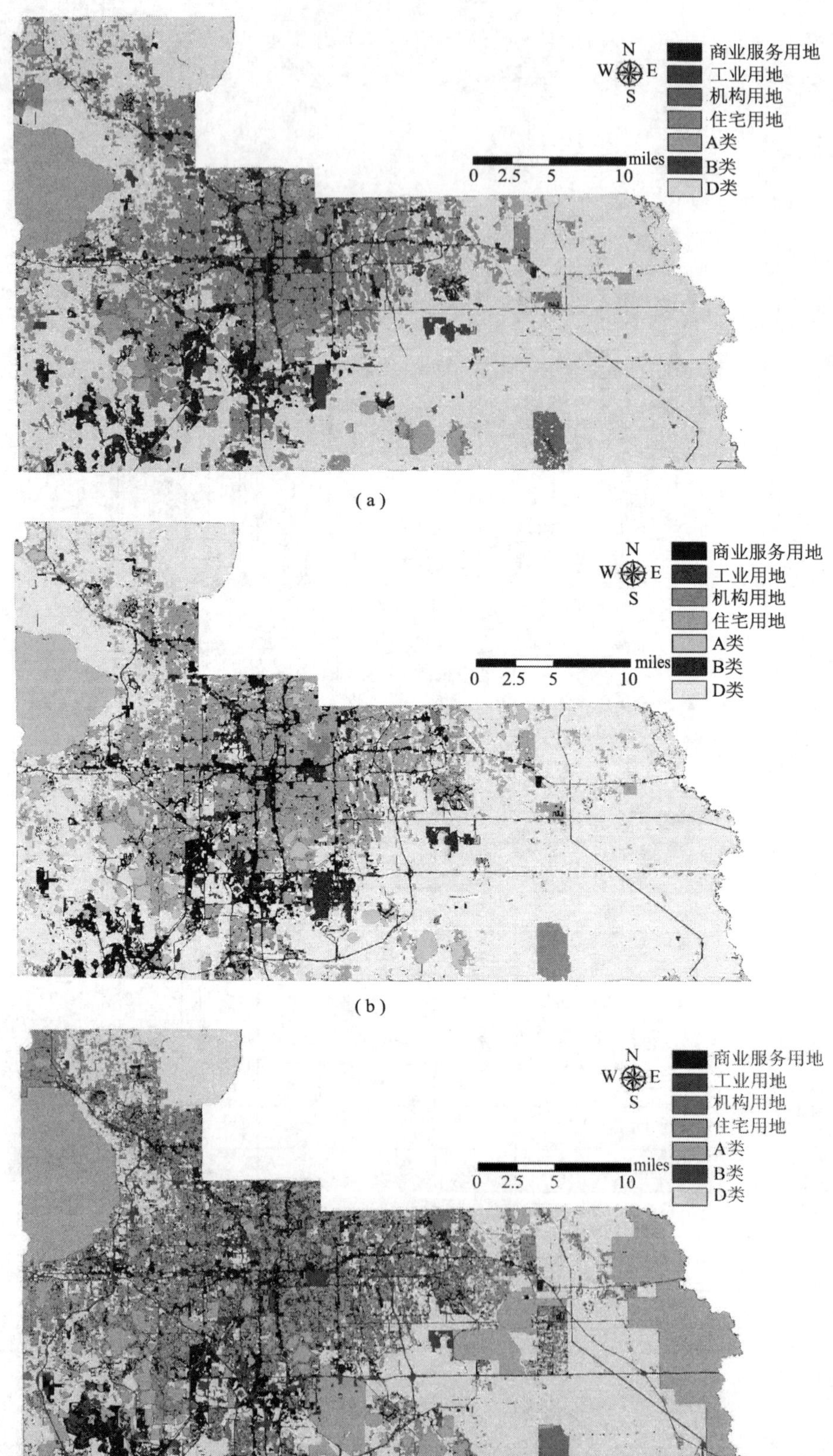

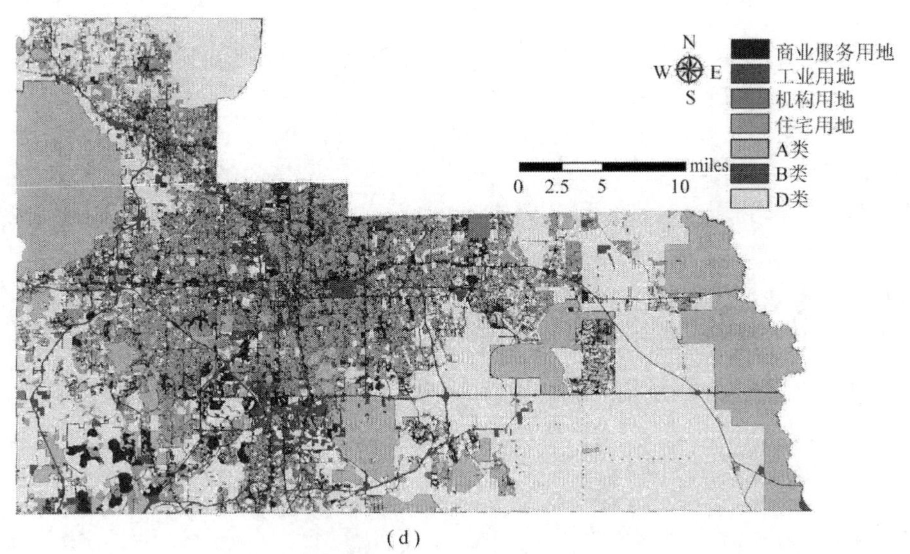

（d）

图 4.7　多层神经网络与 Agent 模型预测结果和实际的土地利用 GIS 图比较（2000 年与 2009 年比较）
（a）2000 年预测结果图；（b）2000 年实际土地利用开发结果图；
（c）2009 年预测结果图；（d）2009 年实际土地利用开发结果图

4.5.4　MNL-CA-Agent（LandSys）与 ANN-CA-Agent 结果比较

表 4.8 对比了各模型在融合矩阵方法下的土地利用模拟精度。可以看出，对于 C 类交通需求用地，ANN-CA 模型比 MNL-CA 模型的精度要高出 9%，而与 Agent 模型结合后，精度相差不大，分别为 87.7%和 87.6%。也就是说，当与 Agent 模型结合后，MNL-CA 模型精度能够提高较多，而 ANN-CA 模型精度提高并不明显。

表 4.8　MNL-CA-Agent 模型与 ANN-CA-Agent 模型精度对比

精度计算方法	融合矩阵法	
	C 类/%	总土地类型/%
ANN-CA（L3）	85.7	87.9
MNL-CA	76.7	74.4
ANN-CA-Agent	87.7	89.8
MNL-CA-Agent	87.6	85.7

因此，鉴于 MNL-CA-Agent 与 ANN-CA-Agent 的 C 类用地精度接近，而 ANN 的黑箱操作不能获得空间输入数据与土地利用变化的定量关系，考虑进一步与佛罗里达州交通需求模型 FSTUMS 结合，最后采用 MNL-CA-Agent 模型模拟土地利用变化。基于 MNL-CA-Agent 模型构建 LandSys 土地利用仿真软件，并基于 LandSys 构建土地利用交通一体化模型。

4.6 土地利用模型预测的家庭和就业分配

根据提出的基于竞租理论均衡模型（见 5.4.2），家庭及就业智能体在基于 50m×50m 的栅格范围上进行分配。在佛罗里达州中部区域交通规划模型 CFRPM 中的土地利用数据相关输入是基于 TAZ 的。

为了使本模型与生成基于 TAZ 范围的交通模型接轨，基于栅格范围的土地利用模型预测分配结果（ N_{ik}^{h} ）将进一步根据栅格元胞与 TAZ 在地理空间上的从属关系，集聚到 TAZ 范围。2000 年基于 TAZ 的家庭和就业分配结果与实际结果的 GIS 可视图如图 4.8 所示。

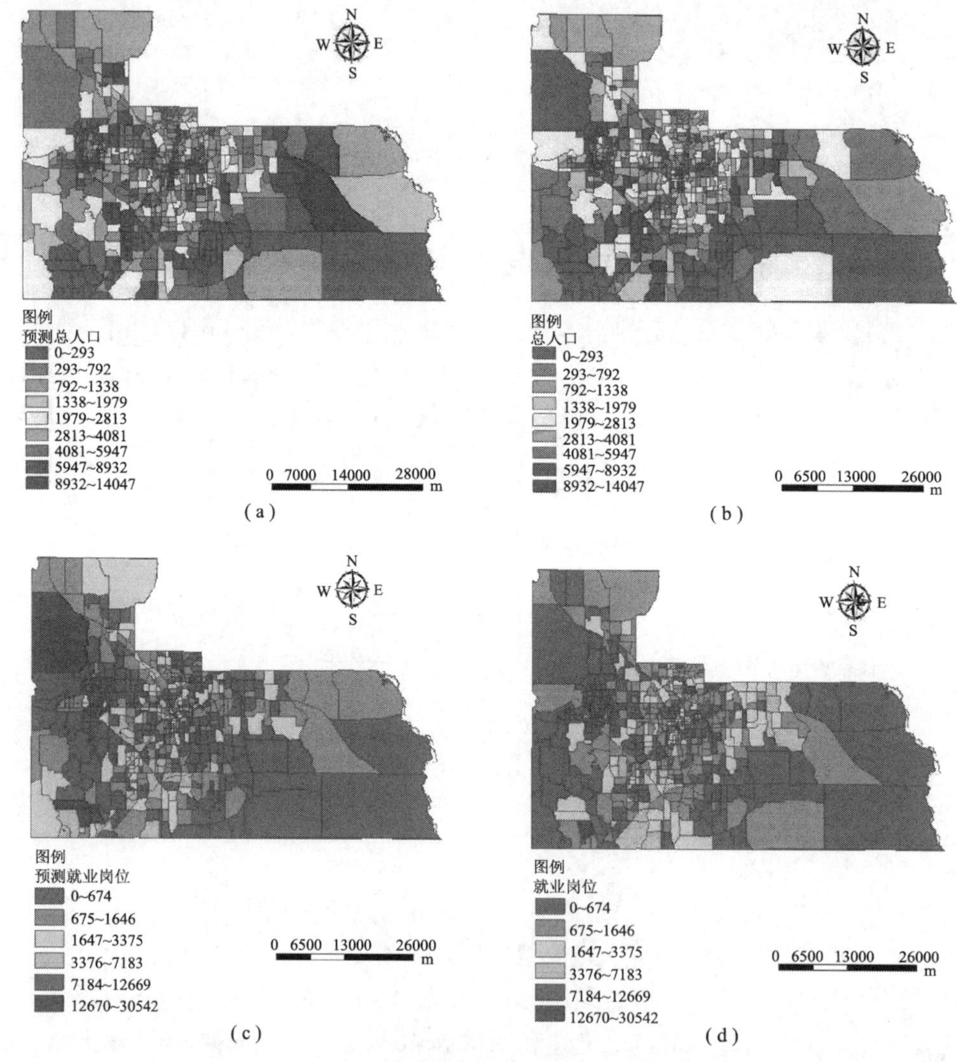

图 4.8 基于 TAZ 的家庭和就业分配结果与实际结果

（a）MNL-CA-Agent 模型 2000 年橙县家庭人口 TAZ 分布图；（b）实际 2000 年橙县家庭人口 TAZ 分布图；（c）MNL-CA-Agent 模型 2000 年橙县总就业单位数 TAZ 分布图；（d）实际 2000 年橙县总就业单位数 TAZ 分布图

在佛罗里达州中部区域规划模型 CFRPM 中，橙县总共包含 662 个 TAZ。为比较基于 TAZ 范围的预测与观测的分配的家庭/就业智能体，根据每个 TAZ 的预测值与观测值的差异值可以分为不同的误差区域。662 个 TAZ 根据其误差区域分为以下七类：<–500，[–500, –200]，[–200, –50]，[–50, 50]，[50, 200]，[200, 500]和 >500。例如，TAZ 预测的误差区域[200,500]表明了家庭/就业智能体的模拟个数减去其观测值的结果，属于在 200～500 区间内。

图 4.9 显示了家庭和就业智能体的每种 TAZ 类型的数量所占总 TAZ 数量（662）的比例。该图表明，该元胞自动机多智能体土地利用模型能够很好地仿真橙县的家庭/就业分配结果。因为多数 TAZ（家庭智能体约为 52%，就业智能体约为 37%）都属于 [–50, 50] 这一类，即这些 TAZ 的家庭/就业分配量误差都在 50 之内。该图可进一步表明，若允许误差范围为 200（[–200,200]），则该模型模拟家庭和就业分配量的准确率分别可达到 75.7%和 69.9%。

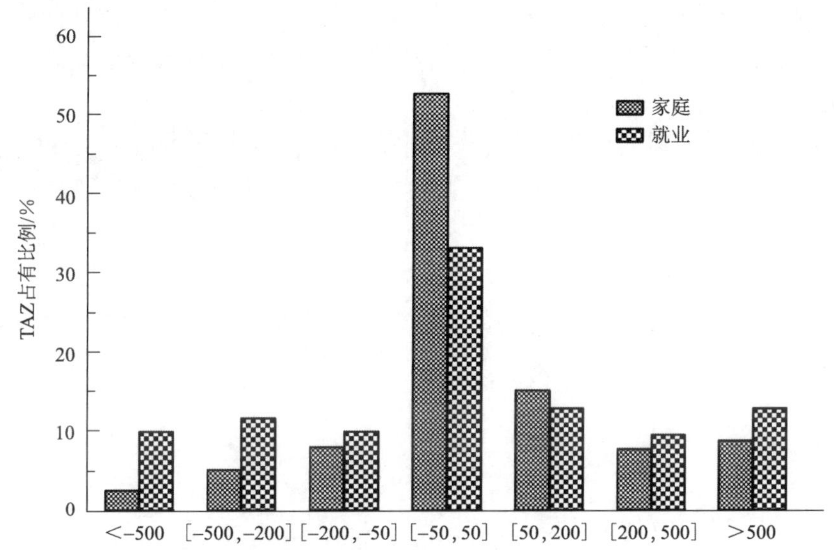

图 4.9 MNL-CA-Agent 土地利用模型市场均衡条件下的 2000 年家庭和就业分配量仿真结果与实际观测值的差异 TAZ 比例图

4.7 本 章 小 结

本章提出了基于竞租理论、元胞自动机和多智能体的土地利用模型，根据佛罗里达州橙县的 1990 年实际 GIS 数据，仿真和预测 2000 年的土地利用变化。主要用到的数据包括数字高程模型文件（DEM 文件）、土壤数据、土地利用/覆盖数据、块数据、区域规划边界数据、人口统计数据、交通网络相关数据等。以 1990 年作为基准年，采用 50m×50m 的栅格代表土地利用空间分布，元胞自动机模型从时空维上模拟土地利用形态变化的空间相关因素。多智能体模型能够通过各智能体与环境和其他智能体的相互作用关系，灵活地描述每类决策者的个体行为。

通过对比 MNL-CA-Agent 和 ANN-CA-Agent 模型精度，融合矩阵方法下交通用地精度分别为 87.6 和 87.7。多智能体模型能够有效提高 MNL-CA 模型的精度，而对 ANN-CA 模型结果影响不大。MNL-CA-Agent 模型能够有效地描述土地利用变化的空间驱动因素、各智能体的行为和相关政策变化，与 ANN-CA-Agent 模型相比，能够更清晰地分析空间变量和土地利用变化间的关系。MNL-CA-Agent 模型中，基于 TAZ 范围的家庭及就业分配，也能较好地与实际观测数相吻合。若允许误差范围为 200（[−200,200]），则该模型模拟家庭和就业分配量的准确率分别可达到 75.7%和 69.9%。

和传统的土地利用模型相比，该模型存在以下几个独特特性：①数据处理中，土地利用分类根据其与交通的关系进行分类；②将智能体分为土地利用市场的供给和需求方，在市场供给需求竞争下，采用竞租理论描述智能体间的关系；③模型能够模拟在栅格范围的土地利用类型变化，同时能够得到基于 TAZ 范围的家庭/就业智能体的分配量，从而进一步作为交通模型的输入数据。其中，在土地利用开发均衡中，模型采用两个子优化模型 Z_1 和 Z_2 分别描述现有交通需求相关 C 类用地的变化，以及空地元胞 D 类用地的变化。而基于竞租理论的土地利用市场供给需求均衡模型，能够得出新的家庭/就业智能体的分配量。

为进一步构建土地利用交通一体化仿真平台，将基于 MNL-CA-Agent 模型，构建土地利用仿真软件 LandSys。LandSys 能够从时空维模拟土地利用变化，同时考虑了家庭、就业和开发商智能体的个体行为。LandSys 产生的下一时间步骤的土地利用形态和社会经济属性，将更新交通模型（FSUTMS）的输入，从而进一步实现土地利用交通一体化。下一章内容将集中于如何将该 LandSys 土地利用模型与 FSUTMS 框架实现一体化，以及相关交通、土地利用的政策分析研究。

第5章 融入市场机制的土地利用与交通一体化双层模型

交通需求的产生取决于土地利用空间分布形态的异构性。迅增的交通需求可能导致更为恶劣的交通环境。单靠道路扩建来增强交通供给已被证实难以满足增长的交通需求，甚至会导致土地利用的无序扩张、小汽车保有量迅增、汽车排放量增加、交通费用增长、环境恶化等情况（Waddell and Nourzad, 2002）。反之，调整未来土地利用的空间形态已被证实为一个潜在的有效解决方案。良好的土地利用不仅能够提高交通系统效率，提高空气质量，且能有效控制城市无序蔓延扩张（Webster et al., 1994; Badoe and Miller, 2000）。因此，对土地利用空间分配策略进行优化，不仅能够满足迅增的交通需求，同时可以减小交通系统费用，用于协调交通与土地利用发展。

本章通过构建土地利用分配与交通双层优化模型，旨在探索土地利用空间分布与交通系统的相互关系。通过从土地利用与交通的相互作用出发，研究如何优化土地利用空间结构，以优化交通需求分布，减少交通系统消耗。不同的土地类型产生不同的交通需求，直接与传统的四阶段交通需求模型的交通生成相连。相反，交通可达性与交通费用的变化也直接影响土地利用开发的位置选择（Kitamura et al., 1996; Boarnet and Crane, 2001）。在描述土地利用空间分布时，时空维动态变化可理解为：从时间维角度，随着人口增长，空地将被开发，交通网络及其设施被扩充以满足增长的交通需求。从空间维角度，不同位置的空地，转化为交通相关（需求与供给）用地的概率各自不同。本章采用元胞自动机描述引起土地利用变化的空间因素，而基于投标拍卖的智能体模型用于分析居民的住宅选择行为，定量描述不同土地利用分配策略对交通系统的影响。

符号标记

b_h：h类居民的基于货币的竞价负效用，与居民收入相关。收入越高，该值越小。

B_{hi}：h类居民，选择土地元胞i作为居住地点（若元胞i为居民住宅用地），愿支付函数价格函数。

k：与交通相关的土地利用类型，$k = 1, 2, 3, 4$，分别表示居民住宅用地、用地、商业服务用地以及研究机构用地。

N_k：土地利用类型k的总需求。

N_1：居民住宅用地需求，以居民（家庭）数量为单位，$N_1 = \sum_h N_1^h$。

p：出行目的：主要考虑三个主要出行目的（$p = 1, 2, 3$），分别表示家庭—工作出行、家庭—购物出行以及家庭—学校出行。

$\mathrm{Pr}_{h/i}$： h类居民对居民住宅用地元胞i给出的最高竞价的竞价概率。

$\mathrm{Pr}_{i/h}$： 选择概率，是居民住宅用地元胞选择h类居民的概率。

Pr_{hi}^{jp}：在居民住宅用地元胞i的h类居民，出行目的为p时，选择元胞j为目的地的概率。

Pr_{ik}：元胞i的土地开发概率，从当前空地转化为新的土地类型k的概率。

r,s：交通网络G的OD对，出发点为TAZ r的元胞，终止点为TAZ s的元胞（假设：由于通常情况下，土地利用分配是基于等大小的方格元胞，而交通模型基于TAZ进行，因此，假设每个TAZ由若干个元胞组成，每个TAZ的中心考虑为OD对rs的出发点与终止点）。

r_i： 元胞i的租金价格。

S_{ik}： 元胞i能提供的土地类型k的住房供给量。

x_{ik}：元胞开发特征变量，如果$x_{ik}=1$，则元胞i将开发为第k类土地；否则$x_{ik}=0$。

Ω：研究区域所有元胞集合包括两个子集：已开发元胞集合$\Omega_1(T)$，未开发元胞集合$\Omega_0(T)$，两集合在每一时间步骤T将被更新。

δ_{kp}：土地利用类型与出行目的关系矩阵，若土地利用类型k能提供出行目的为p的场所，则$\delta_{kp}=1$；否则$\delta_{kp}=0$。每类土地利用类型与主要出行类型关系有：①居民住宅用地，为基于家庭出行的起始点或终止点；②工业用地，与家庭—工作出行相关；③商业与服务用地，与家庭—工作出行、家庭—购物出行相关；④机构用地（学校），与家庭—通学出勤相关。

λ_{ir}： 元胞i与TAZ r的关系变量，如果元胞$i\in r$，则$\lambda_{ir}=1$；否则$\lambda_{ir}=0$。

5.1 Logit元胞自动机与竞租理论结合

5.1.1 土地利用类型与交通出行

与第3章土地利用分类相同，根据与交通出行的关系，Meyer和Miller（2001）指出五种主要土地利用类型：居民住宅用地、工业用地、商业与服务用地、学校用地以及交通设施用地。交通供给与交通需求被认为是解决交通问题的两大基本方式，要么扩大交通供给，如道路扩建、交通控制优化等；或者调整交通需求，如限制城区人口增长、限制机动车保有量、大力发展公交导向。本节只考虑交通需求改变，假设交通供给不变。随着人口、经济增长，空地将开发成四种交通出行相关用地k（$k=1, 2, 3, 4$）：居民住宅用地、工业用地、商业与服务用地和学校用地。如果当前的土地供应不能满足土地需求，则空地将被开发成交通需求相关用地k。

5.1.2 基于Logit的元胞自动机土地利用模型

元胞自动机模型中，研究区域土地划分为等大小的方格元胞。每个元胞的状态表示它的土地利用类型。元胞状态与不同的空间属性相关，每一个时间步骤下，每个元胞状态根据转换规则进行同步更新。空间属性主要有三类：①土地元胞的物理属性，包括土壤质量、坡度、地形高度等；②元胞领域中已开发的元胞个数；③局部空间属性，包括交通可达性、距 CBD、购物中心、教育机构以及其他主要公共场所的距离等。

传统的基于元胞自动机的土地利用模型只考虑两种元胞状态：开发与未开发。本节中需考虑未开发土地向四种交通出行相关的土地利用类型（$k=1,2,3,4$），采用基于多项式 Logit 回归模型描述元胞转化规则。令土地利用变化期望效用为u_{ik}，包括当前元胞转向其他交通相关用地的空间属性：

$$u_{ik} = w_{k1}\upsilon_{ik} + w_{k2}\eta_{ik} + w_{k3}\tau_{ik} \tag{5.1}$$

式中，w_{k1}, w_{k2}和w_{k3}为相应属性的权重值；υ_{ik}为元胞i的物理属性；η_{ik}为元胞i的 Moore 邻居中，已经开发为第k类土地的元胞个数；τ_{ik}为元胞的交通可达性，由下层模型得出。

假设期望效用u_{ik}服从参数为β_k的 Gumbel 独立同分布（IDD Gumbel），则元胞i从当前空地开发成第k类土地类型的概率可表示为

$$\mathrm{Pr}_{ik} = \frac{\exp(\beta_k \cdot u_{ik})}{\sum_k \exp(\beta_k \cdot u_{ik})} \tag{5.2}$$

开发概率Pr_{ik}值越高，则元胞i开发成第k类用地的可能性越高。土地利用分配模型可以用于最大化土地利用开发概率。

5.1.3 竞租理论（投标拍卖）模型

城市中决策个体（居民、就业、开发商）的位置选择行为是另一个引起土地利用变化的因素。位置选择行为可用多项式 Logit 模型进行描述（Dieleman et al.，2002；Waddell et al.，2003）。然而，单一的多项式 Logit 模型很难反映土地利用市场的竞争行为以及居民的经济特征。而在投标拍卖模型中，城市土地市场由拍卖机制控制，房地产和土地被分配给出价最高的投标者。投标模型能够很好地反映土地利用的市场行为，常应用于土地利用市场均衡模型。

因此，在本章中，导致引起土地利用变化的居民住址位置选择行为采用基于投标拍卖理论建模。在投标拍卖理论中，假设城市土地利用市场服从拍卖机制，即土地被最高竞价者开发或选择。将投标拍卖理论运用于居民住址选择，投标者（居民）根据其社会经济属性分为不同类型（$h = 1, 2,\cdots,$和$\bar{h}$），出价由居民愿意支付函数决定，具体与家庭收入、住宅位置空间属性以及交通相关影响等相关。

对于第h类家庭，元胞i为可选家庭位置，则第h类家庭对元胞i愿意支付函数B_{hi}可表示为

$$B_{hi} = -b_h + z_{hi}(\eta_{i1}) - \sum_p M_h^p \varphi_{hi}^p(t) \tag{5.3}$$

式中，b_h 为 h 类居民的基于货币的竞价负效用，与其收入相关；z_{hi} 为 h 类居民考虑元胞 i 邻居的效用；最后一项与交通出行效用相关，在考虑选择元胞 i 作为居住地点情况下，选择不同出行目的 p 下的总交通效用。M_h^p 为 h 类居民出行目的 p 下的出行次数。$\varphi_{hi}^p(t)$ 为 h 类居民选择元胞 i 作为居住地点下的，出行目的 p 下的总出行费用。$\varphi_{hi}^p(t)$ 由下层交通模型中基于 Logit 交通分布模型中获得。

假设居民竞价函数为一随机变量，即 $\tilde{B}_{hi} = B_{hi} + \varepsilon_{hi}$，同时假设随机项 ε_{hi} 服从参数为 θ 的 IID Gumbel 分布，则投标概率，$\Pr_{h/i}$，h 类居民为居民住宅用地元胞 i 的最高竞价的竞价概率可表示为

$$\Pr_{h/i} = \Pr(B_{hi} \geqslant B_{h'i}) = \frac{\exp(\theta B_{hi})}{\sum_{h'} \exp(\theta B_{h'i})}, \ (\forall h' = 1, 2, \cdots, \bar{h}) \tag{5.4}$$

对于土地供应方面，假设居民住址位置为提供给投标价格最高的家庭，则位置 i 的售价（租价）由最高投标的期望费用决定，可表示为

$$r_i = E(\underset{h}{\mathrm{Max}}\, \tilde{B}_{hi}(i)) = \frac{1}{\theta} \ln\left(\sum_h \exp(\theta B_{hi})\right) + \frac{\gamma}{\theta} \tag{5.5}$$

式中，γ 为常数。

居民智能体对家庭位置的最优选择，假设为最大化投标价格与售价（租金）的差距。从而得到：$\mathrm{Max}_{\forall i}(B_{hi} - r_{hi})$。其中，$\{i \mid i \in \Omega_0, x_{i1} = 1\}$ 表示可选择的家庭位置元胞。售价（租金）由上式求得，可看做一个常数，则选择概率，$\Pr_{i/h}$，即居民住宅用地元胞 $i \in \Omega_1$ 能产生最高效用的概率可表示为

$$\Pr_{i/h} = \frac{\exp(\theta(B_{hi} - r_i))}{\sum\limits_{i=\Omega_0} x_{i1} \exp(\theta(B_{hi} - r_i))} \tag{5.6}$$

式中，$\Pr_{i/h}$ 为 h 类居民，选择位置 i 为家庭住址的概率。

5.2 土地利用分配和交通耦合模型

土地利用变化是非常复杂的过程，它与人口变化、土地需求、土地供应、每一块地的物理属性、不同智能体的决策行为相关。而且，这些因素在时空维都是动态的。一个好的土地利用模型能够充分捕捉土地利用变化，从而分析交通需求产生及其空间分布。

本章提出的双层土地利用分配策略与交通相互作用模型框架如图 5.1 所示，由上层的土地利用分配模型与下层的交通模型构成。采用遗传算法求解上层模型，得到土地利用分配策略以及新的住宅用地位置的居民数量，从而更新基于交通分析小区的交通需求，并反馈到作为下层交通模型的输入。在下层交通模型中，采用典型的用户均衡交通分配模型，通过 Frank-Wolfe 算法计算基于路段的交通费用、可达性指标，而

这些输出也将反馈到下一个时段的上层土地利用分配模型中，是上层模型的重要输入。将交通模型输出，直接与土地利用分配因素关联，能够产生更为准确合理的土地利用空间分布。

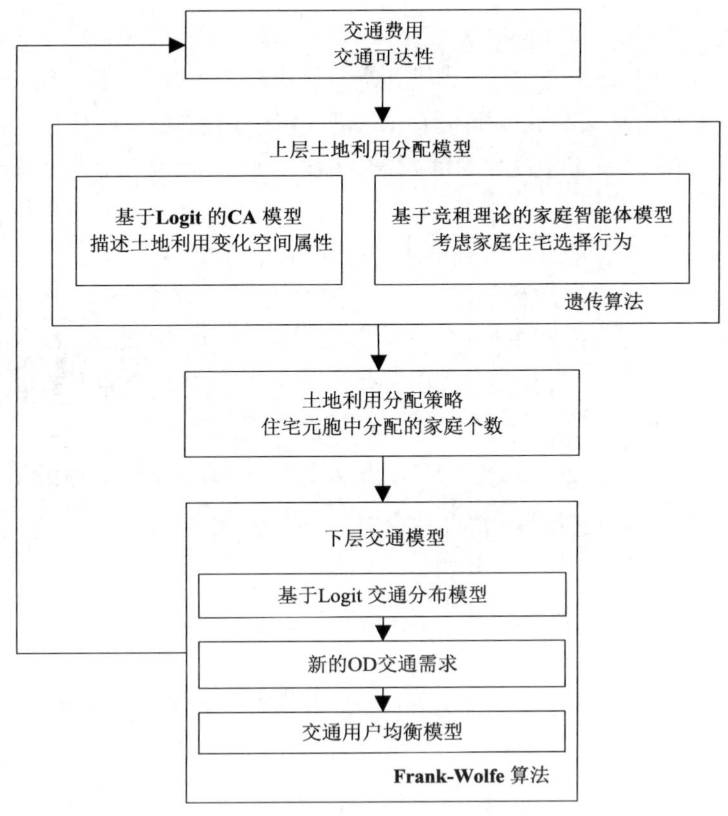

图 5.1　土地利用分配与交通双层模型的框架图

从元胞层面上看，上层模型包括居民住宅位置选择行为与基于 Logit 的元胞自动机模型，综合考虑了空间因素与居民的行为对土地利用变化的影响。一方面，未开发的土地元胞中，具有更高的土地利用空间发展概率的将优先开发。另一方面，基于居民的住宅位置选择行为，居民愿支付价格高的未开发元胞将优先开发成居民住宅用地。

5.2.1　上层土地利用模型

上层土地利用模型可以表示为

$$\mathrm{ZU}=\underset{(x_{ik},N_{ik},b,r)}{\mathrm{Min}}\left(-\sum_{i\in\Omega_0}\sum_{k}x_{ik}N_{ik}\,\mathrm{Pr}_{ik}(t)+\sum_{h}N_1^h b_h+\sum_{i\in\Omega_0}x_{i1}S_{i1}r_i+\frac{1}{\theta}\sum_{h}\sum_{i\in\Omega_0}x_{i1}\exp\Big(\theta\big(B_{hi}(b_h,t)-r_i\big)\Big)\right) \tag{5.7}$$

$$\text{s.t.}\qquad x_{ik}=\begin{cases}0\\1\end{cases}\ \text{and}\ \sum_{k}x_{ik}\leqslant 1 \tag{5.8}$$

$$\sum_i N_{ik} = N_k \quad (\forall k = 1,\ 2,\ 3,\ 4) \tag{5.9}$$

$$N_{ik} \leqslant S_{ik}\ (\forall k, i) \tag{5.10}$$

式中，ZU 为上层模型的目标函数。式（5.7）中第一项用于最大化总的土地开发的空间适应度。特征变量 x_{ik} 表示土地元胞 i 是否开发成第 k 类用地，如如果开发成居民住宅用地，则 $x_{i1}=1$。N_{ik} 表示分配到元胞 i 中，占用用地类型 k 的用户数量，以居民数量或就业数量为单位。$\Pr_{ik}(t)$ 与交通费用 t 相关，表示未开发元胞 i 转化成第 k 类用地的概率。

基于投标拍卖理论的居民位置选择行为由式（5.7）中的后三项表示。其中，第二项表示不同类型的居民智能体总的出价效用，第三项表示供给位置的效用，与租金（售价）直接相关，最后一项用于保证与投标拍卖模型的等价性。式（5.8）表明，每个土地元胞能且只能开发成一种土地利用类型。式（5.9）用于保证土地需求总量平衡。式（5.10）使得土地元胞的分配数量在最大供给上界 S_{ik} 之内。

在上层土地利用模型中，式（5.7）与投标拍卖模型的等价性证明推导如下。

首先，令 $\dfrac{\partial \mathrm{ZU}}{\partial b_h}=0$，第 h 类居民智能体总量 N_1^h 可表示为

$$N_1^h = \sum_i x_{i1} \exp(\theta(B_{hi}(b_h, t) - r_i)) \tag{5.11}$$

当元胞 i 开发成住宅用地时（k=1），定义选择其作为住宅位置的第 h 类居民智能体的数量为

$$N_{i1}^h = x_{i1} \exp(\theta(B_{hi}(b_h, t) - r_i)) \tag{5.12}$$

将式（5.12）代入式（5.11）得

$$N_1^h = \sum_i N_{i1}^h \tag{5.13}$$

结合式（5.11）、式（5.12）与式（5.13）得

$$N_{i1}^h = N_1^h \frac{x_{i1} \exp(\theta(B_{hi}(b_h, t) - r_i))}{\sum_i x_{i1} \exp(\theta(B_{hi}(b_h, t) - r_i))} \tag{5.14}$$

与住宅用地分配结果相结合，式（5.14）即为随机投标拍卖模型的位置选择模型（式（5.6））。

其次，令 $\dfrac{\partial \mathrm{ZU}}{\partial r_i}=0$，结合式（5.12），得

$$x_{i1} S_{i1} = \sum_h x_{i1} \exp(\theta(B_{hi}(b_h, t) - r_i)) = \sum_h N_{i1}^h \tag{5.15}$$

结合式（5.12）与式（5.15）可以得到

$$N_{i1}^{h}=\frac{x_{i1}S_{i1}\cdot\exp(\theta B_{hi})}{\sum_{h}\exp(\theta B_{hi})} \tag{5.16}$$

式（5.16）中新分配的居民 N_{i1}^{h} 由式（5.4）中的竞价概率得到。也就是说，当位置 i 开发成住宅用地时，出价最高的居民将被位置 i 选择为其住户。

5.2.2 下层交通模型

双层模型中，下层交通模型主要包括交通分布模型与交通分配模型。通过基于Logit模型的交通分布模型求解新的OD需求，作为基于用户均衡交通分配模型的输入，从而得到新的可达性及交通费用。

1. 基于 Logit 的交通分布模型

为连接上层土地利用模型与下层交通模型，基于 Logit 的交通分布模型用于输出交通需求。OD 对 rs（TAZ 到 TAZ）交通需求 q_{rs} 包括两个部分：现有的交通需求 $\overline{q}_{rs}$ 和由上层模型中新开发土地引起的额外交通需求 $\tilde{q}_{rs}$。交通需求可表示为 q_{rs}：

$$q_{rs}=\overline{q}_{rs}+\tilde{q}_{rs} \tag{5.17}$$

对于研究区域 Ω 的所有土地元胞，能够提供出行目的为 p 的出行目的地的用地类型元胞集合，表示为 $\Omega_{p}=\left\{j \mid x_{jk}\delta_{kp}=1,\ j\in\Omega\right\}$。对于元胞 i 的 h 类居民，选择元胞 i 作为出行目的 p 的目的地的效用 $A_{hi}^{jp}(t)$ 由两部分组成：① t_{rs} $(i\in r, j\in s)$，从元胞 i 到 j 出行费用，可通过小区—元胞矩阵，由 OD 对间的交通费用得出；② ψ_{hjp}，元胞 j 的吸引力。

$$A_{hi}^{jp}(t)=-t_{rs}+\psi_{hjp}\quad (i\in r, j\in s) \tag{5.18}$$

假设效用 $A_{hi}^{jp}(t)$ 服从参数 ϕ 的 IID Gumbel 分布。Pr_{hi}^{jp}，元胞 i 中的 h 类居民选择 j 作为出行目的 p 的目的地的概率可表示为

$$\mathrm{Pr}_{hi}^{jp}=\frac{\exp(\phi\cdot A_{hi}^{jp}(t))}{\sum_{j\in\Omega_{p}}\sum_{k}\exp(\phi\cdot A_{hi}^{jp}(t))} \tag{5.19}$$

在式（5.3）中，$\varphi_{hi}^{p}(t)$ 为 h 类居民选择 i 作为居住位置时，到达出行目的 p 的目的地总费用，在此可表示为

$$\varphi_{hi}^{p}(t)=\sum_{j}\mathrm{Pr}_{hi}^{jp}\cdot A_{hi}^{jp}(t) \tag{5.20}$$

由新增居民住在用地 i 到目的地 j 产生的总的交通需求 $\tilde{q}_{ij}$ 可表示为

$$\tilde{q}_{ij} = \sum_h \sum_p N_{i1}^h M_h^p \Pr_{hi}^{jp} \quad (i \in \Omega_0, j \in \Omega) \tag{5.21}$$

式中，$N_{i1}^h M_h^p$ 为住宅位置 i 中 h 类居民出行目的为 p 的总出行次数。

通过小区与土地元胞的从属关系，基于小区的额外交通需求 $\tilde{q}_{rs}$ 可表示为

$$\tilde{q}_{rs} = \sum_{i \in \Omega_0} \sum_{j \in \Omega} \lambda_{ir} \lambda_{js} \tilde{q}_{ij} \tag{5.22}$$

通过式（5.17）和式（5.22），更新下层模型的 OD 需求 q_{rs}。

2. 下层交通用户均衡模型

如前所述，下层交通用户均衡模型中的交通需求，通过上层模型的结果——土地利用分配策略与居民住宅位置选择模型，进行更新（见图 5.1）。本章采用 Frank-Wolfe 算法（Sheffi，1985）解决用户均衡模型。所有出行者独立地作出令自己的行驶时间最小的决策，在所导致的网络流量分布状态里，同一 OD 对之间所有被使用的路径的时间是相等的，并小于或等于任何未被使用路径的时间。其数学表达式可描述为

$$\min Z = \sum_a \int_0^{f_a} t_a(v) \mathrm{d}v \tag{5.23}$$

$$\text{s.t.} \qquad \sum_l f_l^{rs} = q_{rs}, \forall r, s \tag{5.24}$$

$$f_l^{rs} \geqslant 0, \forall r, s, l \tag{5.25}$$

$$f_a = \sum_{rs} \sum_l f_l^{rs} \delta_{a,l}^{rs} \qquad a \in A \tag{5.26}$$

式中，a 为交通网络的路段；A 为所有路段集合；f_a 表示路段 a 的流量；如果路段 a 属于 OD 对 rs 间的路径 l，则 $\delta_{a,l}^{rs}$ 等于 1，否则为 0；$t_a(v)$ 为路段 a 的行程时间。采用 BPR 函数（Hamdouch et al.，2007）用于描述路段行程时间 $t_a(v)$：

$$t_a = t_a^0[1 + 0.15(v_a / C_a)^4] \tag{5.27}$$

式中，t_a^0 为自由流量下的行程时间；C_a 为路段通行能力；v_a 为路段 a 的实际交通量。

5.3 耦合模型算法分析与流程

本章主要采用遗传算法求解上层土地利用分配模型以及 Frank-Wolfe 算法求解下层交通模型。遗传算法目的在于最大化组合的土地利用开发的空间适应度及家庭住址选择偏好。

遗传算法通过模拟自然界生物进化过程的自然选择和遗传学机理搜索寻求最优

解。其主要特点是直接对结构对象进行操作，不存在求导和函数连续性的限定；具有内在的隐并行性和更好的全局寻优能力；采用概率化的寻优方法，能自动获取和指导优化的搜索空间，自适应地调整搜索方向，不需要确定具体的规则。遗传算法是从代表问题可能潜在的解集的一个种群开始的，而一个种群则由经过基因编码的一定数目的个体组成。初代种群产生之后，按照适者生存和优胜劣汰的原理，逐代演化产生出越来越好的近似解，在每一代，根据问题域中个体的适应度大小选择个体，通过组合、交叉和编译产生出代表新的解集的种群。这个过程将导致种群像自然进化一样的后生代种群比前代更加适应于环境，末代种群中的最优个体经过解码，可以作为问题近似最优解（Jia et al.，2009；Zhang et al.，2009）。

Frank-Wolfe 算法是一类广泛用于求解交通分配问题的算法，具有编程容易实现、内存要求少等特点。作为原始的单纯的线性规划算法的推广，Frank-Wolfe 算法也算是运筹学的经典优化算法之一。最初是在 1956 年由 Marguerite Frank 和 Phil Wolfe 作为解决具有线性约束条件的二次规划问题提出（Sheffi，1985）。在每个求解步骤中，将目标函数线性化，寻找可行性方向，最优化目标函数。近年来，该算法已被广泛应用于交通网络均衡问题求解。

5.3.1 上层模型求解算法分析

上层土地利用模型为混合整数非线性的规划（式（5.7））问题。式（5.7）中第一项为以传统的 0～1 规划的土地利用分配问题。后三项表示家庭基于竞租理论的位置选择问题，且直接依赖于土地利用分配结果。本节通过遗传算法求解上层 0～1 混合整数非线性规划问题，且 0～1 规划的有限解特点能够保证土地利用分配最优解的存在性。

在上层模型，通过令 $\partial \mathrm{ZU}/\partial b_h = 0$ 与 $\partial \mathrm{ZU}/\partial r_i = 0$，得

$$b_h = \frac{1}{\theta}\ln\left(\frac{1}{N_1^h}\sum_{i\in\Omega_0} x_{i1}\exp\theta\left(\pi_{hi}(t) - r_i\right)\right) \tag{5.28}$$

$$r_i = \frac{1}{\mu}\ln\left(\frac{1}{S_{i1}}\sum_h \exp\mu\left(\pi_{hi}(t) - b_h\right)\right) \tag{5.29}$$

式中，$\pi_{hi}(t) = z_{hi}(\tau_{i1}) - \sum_p M_h^p \varphi_{hi}^p(t)$。将式（5.28）代入式（5.29）得到位置 i 的租金 r_i，可表示为

$$r_i = \frac{1}{\theta}\ln\left(\frac{1}{S_{i1}}\sum_h \frac{N_1^h \exp\theta\cdot\pi_{hi}(t)}{\sum_{i\in\Omega_0} x_{i1}\exp\theta\left(\theta\cdot\left(\pi_{hi}(t) - r_i\right)\right)}\right) \tag{5.30}$$

Briceño 等（2008）曾经得出如下结论：在满足条件 $\sum_i S_{i1} = \sum_h N_1^h$ 下，最优解 h 类家庭竞价 b_h 与位置 i 的租金 r_i 是唯一的（Briceño et al.，2008）。解 b_h，r_i 以及 N_{i1}^h 可通过式（5.16）、式（5.28）及式（5.29）得到。

5.3.2 算法流程图与步骤

为对土地利用分配及交通双层作用模型进行求解，详尽算法流程图如图 5.2 所示。通过 Matlab 编程实现，双层模型算法流程可详细描述如下。

步骤 1.1 初始化$T=0$参数。初始化研究区域元胞的所有参数，包括位置、用地类型、开发容量等。根据研究区域状态确定空地元胞集合$\Omega_0(T)$、已开发元胞集合$\Omega_1(T)$、元胞—TAZ 从属矩阵λ_{ir}，以及土地类型—交通目的矩阵δ_{kp}。初始化交通网络数据，得到当前交通需求$q_{rs}(0)=\overline{q}_{rs}(0)$，令迭代次数$n=0$。

步骤 1.2 根据第T年的交通需求 OD 对$q_{rs}(T)$，采用 Frank-Wolfe 算法求解 UE 均衡问题，得到 TAZ 到 TAZ 间的交通时间矩阵$t_{rs}(T)$。并根据元胞—TAZ 从属矩阵λ_{ir}和 TAZ 间的时间$t_{rs}(T)$，转换得到式（5.1）中基于元胞到元胞的行程时间$t_{ij}(T)$。

步骤 2.1 采用遗传算法求解上层土地利用模型。初始化土地利用需求$N_k(T)$、种群数 Npop 、交叉和变异概率等，设定土地利用分配初始解$\text{pop}=\{[x_{ik}]\}$，$(i\in\Omega_0(T), k=1, 2, 3, 4)$。

步骤 2.2 对种群中每一个土地利用分配初始解$[x_{ik}]$，实现家庭竞租理论选择模型。

步骤 2.2.1 根据$[x_{ik}]$，更新空地元胞集合中每个元胞$i\in\Omega_0(T)$的δ_{kp}值，对每个新的住宅元胞i，$i\in\{i\mid x_{i1}=1, i\in\Omega_0(T)\}$，更新交通可达性$\tau_{ik}$和$\Pr_{ik}$，采用式（5.18）、式（5.19）和式（5.20）计算$A_{hi}^{jp}(t)$，$\Pr_{hi}^{jp}$，$\varphi_{hi}^{p}(t)$和$\pi_{hi}(t)$。

步骤 2.2.2 初始化$r_i^{(0)}=0\ (\forall i\in\{i\mid x_{i1}=1,\ i\in\Omega_0(T)\})$，采用式（5.30），迭代$r_i^{(k)}$直到满足条件$\left|r_i^{(k)}-r_i^{(k-1)}\right|\leqslant\varepsilon_1$，输出$r_i=r_i^{(k)}$。

步骤 2.2.3 根据式（5.28）计算b_h，采用式（5.12）计算N_{i1}^{h}值。

步骤 2.2.4 将$[x_{ik}]$，b_h和r_i输入到上层土地利用模型，得到目标函数值 ZU；对每个$[x_{ik}]$，计算遗传适应度函数$\text{fit}([x_{ik}])=1/\text{ZU}$。

步骤 2.3 根据适应度$\text{fit}([x_{ik}])$，完成遗传算法中选择、变异和交叉过程；更新土地利用分配解 pop 。

步骤 2.4 遗传算法迭代次数到一定值（可设定为 200），或者最后两次的$\max\text{fit}([x_{ik}])$值相差在ε_3以内。

步骤 3 从式（5.21）和式（5.22）更新$\tilde{q}_{rs}(T)$，更新新的交通需求：$q_{rs}(T)_n=\overline{q}_{rs}(T)+\tilde{q}_{rs}(T)_n$，$n=n+1$，$q_{rs}(T)=q_{rs}(T)_n$，返回步骤 1.2。

步骤 4 程序终止条件是，如果最后两次迭代之间的交通系统费用差值满足：$\sum_r\sum_s t_{rs}q_{rs}{}^{(n)}-\sum_r\sum_s t_{rs}q_{rs}{}^{(n-1)}\leqslant\varepsilon_2$，则$T=T+1$，并根据$[x_{ik}]$，更新$q_{rs}(T)=q_{rs}(T)_n$，$\Omega_0(T)$和$\Omega_1(T)$；返回步骤 1.1；否则更新$q_{rs}(T)_n$，回到步骤 1.2。

步骤 5 如果$T>T_{\text{end}}$，终止算法，输出结果。

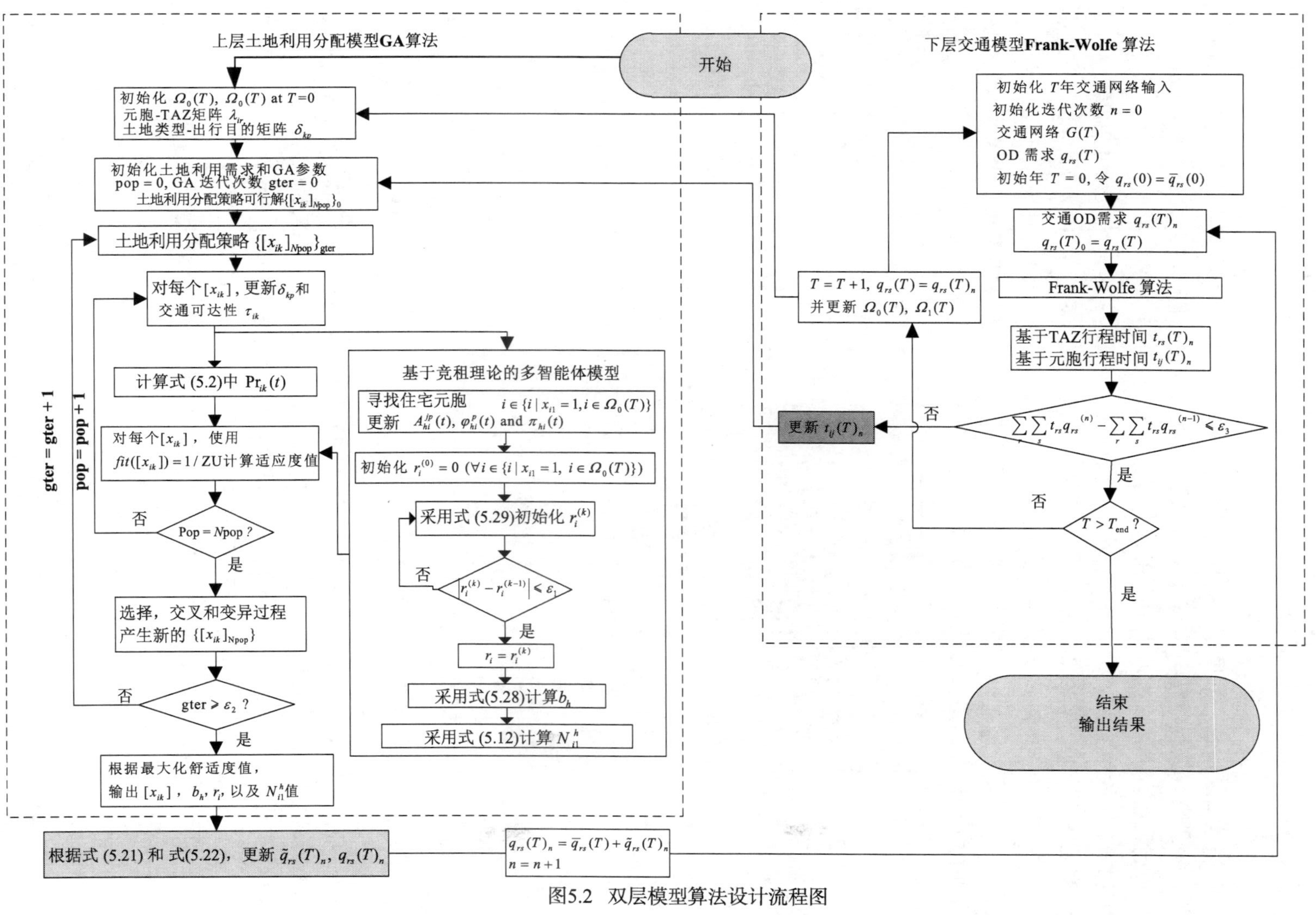

图5.2　双层模型算法设计流程图

5.4 土地利用优化结果分析

本节通过构造一简单城市区域，对提出的双层土地利用交通模型进行相关数值分析。该研究区域包括 9 个 TAZ（交通分析小区），其中每个 TAZ 又分为 25 个等大小的方格元胞。方格元胞的土地利用状态可分为 5 种不同土地利用类型（空地、居民住宅用地、工业用地、商业服务用地以及机构用地），通过元胞自动机模型更新其状态。研究区域的交通网络由 24 条路段、9 个节点构成，节点对应于 TAZ 的质心。通过研究区域从初始年（$T=0$）到第三年（$T=3$），随着人口与土地利用需求增加，分析土地利用与交通发展情况，以及土地利用空间分布与交通网络的相互作用关系。该研究区域的土地利用初始状态（$T=0$）及交通网络信息如图 5.3 所示。

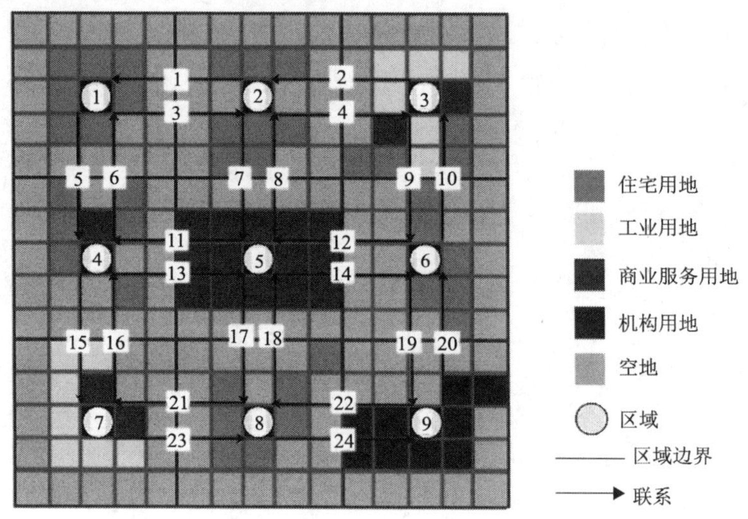

图 5.3 初始年 T=0 研究区域土地利用与交通网络图

5.4.1 双层模型数值分析

为简化双层模型的参数，式（5.1）中土地元胞的物理属性 υ_{ik} 略去，即（ $w_{k1}=0$ ）。只考虑 CA 模型中 Moore 邻居属性（8 个邻居元胞）与交通可达性属性（ $w_{k2}=w_{k3}=1$ ）。其中，邻居属性 η_{ik} 表示 Moore 邻居中开发成 k 类土地利用类型的元胞个数，能够简单地从每年土地利用开发状态获得。交通可达性 τ_{ik} 与行程时间成反比。

假设上层土地利用模型参数中，每年不同土地利用类型的新增需求（ N_k ）分别为 1000（居民住宅用地）、1000（工业用地）、800（商业服务用地）以及 500（机构用地），且每个元胞最大的土地利用供给（ S_{ik} ）为 100。可得假设每年新增的土地利用元胞个数为 33，其中，住宅用地 10 个，工业用地 10 个，商业服务用地 8 个，机构用地 5 个。居民根据其社会经济属性分为 4 类（ $h=1,2,3,4$ ），每类 250 户家庭（ $N_1^h=250$ ）。通常，家庭收入高的居民出行次数比收入低的居民出行次数多。因此，本节简单采用不同出行目的下的出行次数表述家庭图社会经济属性。不同类型家庭在各出行目的下

（工作、购物、通学）的出行次数 M_p^h，值分别为（5, 4, 3），（4, 3, 2），（3, 2, 2）和（2, 2, 1）。假设愿支付函数（式（5.3））中空间属性 $z_{hi}(\tau_{i1})$ 与交通可达性指标 τ_{i1} 相等。表 5.1 为研究区域交通网络的小区 OD 对间的初始交通需求。表 5.2 为初始路段状态。

表 5.1 初始年（T=0）交通分析小区间 OD 需求

OD 需求（×1000）		交通分析小区								
		1	2	3	4	5	6	7	8	9
交通分析小区	1	0	0.5	1.2	0.98	1.5	0.25	0.98	0.5	1.5
	2	1.1	0	1.5	0.48	1.98	0.25	1.58	0.49	1.98
	3	1.5	0.98	0	0.98	1.9	0.98	0.25	0.98	0.55
	4	0.98	1.2	1.2	0	0.98	0.05	1.05	0.5	1.5
	5	0.98	1.2	0.7	1.5	0	1.5	0.5	1.5	0.5
	6	0.5	0.52	0.98	0.35	1.5	0	1.24	0.52	1.2
	7	0.98	0.98	0.48	1.5	0.35	0.88	0	0.98	0.3
	8	0.5	0.51	0.98	0.55	1.98	0.05	1.5	0	1.5
	9	1.2	1.1	0.4	1	0.5	1.8	0.3	1.5	0

表 5.2 初始年（T=0）路段自由流量与容量（T = 0）

路段	t_a^0 /h	C_a /（×1000 pcu/h）	路段	t_a^0 /h	C_a /（×1000 pcu/h）
1	0.36	6.02	13	0.24	15.81
2	0.24	9.01	14	0.24	15.81
3	0.36	4.02	15	0.24	9.01
4	0.24	9.01	16	0.24	9.01
5	0.3	12.92	17	0.3	12.92
6	0.3	12.92	18	0.3	12.92
7	0.24	15.81	19	0.36	12.02
8	0.24	15.81	20	0.36	12.02
9	0.24	9.01	21	0.3	12.92
10	0.24	9.01	22	0.3	15.92
11	0.24	15.81	23	0.24	9.01
12	0.24	15.81	24	0.24	9.01

注：t_a^0 为自由流量下行程时间；C_a 为路段容量

在交通分布式（5.18）中，假设研究区域中各个方格元胞的吸引指标 ψ_{hjp} 相同，只考虑交通出行 t_{rs}。式（5.18）、式（5.19）和式（5.20）中交通分布 Logit β_k，θ,以及 ϕ 模型参数分别设定为 1.0、0.8 和 1.0。而在实际应用中，这些参数能够根据实际数据，通过多项式逻辑回归确定。

5.4.2 土地利用分配优化结果

本节双层模型采用组合遗传算法与 Frank-Wolfe 算法求解。上层土地利用分配通过遗传算法搜索最优土地利用分配策略（optimal land use allocation, OL），即求解

$[x_{ik}(T)]$，使得在该分配策略下总的交通系统费用最小。同时，该分配策略必须最大化由元胞自动机模型中得到的空间舒适度，以及满足基于竞租机制下的家庭住宅选择的行为。在每一时间步骤，从 T=1 到 T=3，T+1 年的土地利用状态通过第 T 年提供的最优土地利用分配策略（OL）$[x_{ik}(T)]$ 更新。相反，对于最大交通系统费用的最差土地利用分配策略（worst land use allocation, WL），第 T+1 年的 WL 可以基于第 T 年提供的最差土地利用分配策略（WL）来搜索求解。

图 5.4 列出了上层模型的遗传算法与下层模型的 Frank-Wolfe 算法收敛情况。图 5.4 显示，遗传算法能够通过搜索最优适应度得到最佳分配策略，但收敛速度到后期较慢，耗时长，要超过 100 次迭代才能较为稳定（图 5.4（a））。Frank-Wolfe 算法（图 5.4（b））收敛速度快，在较短迭代次数内（小于 20），网络基本能够达到均衡。

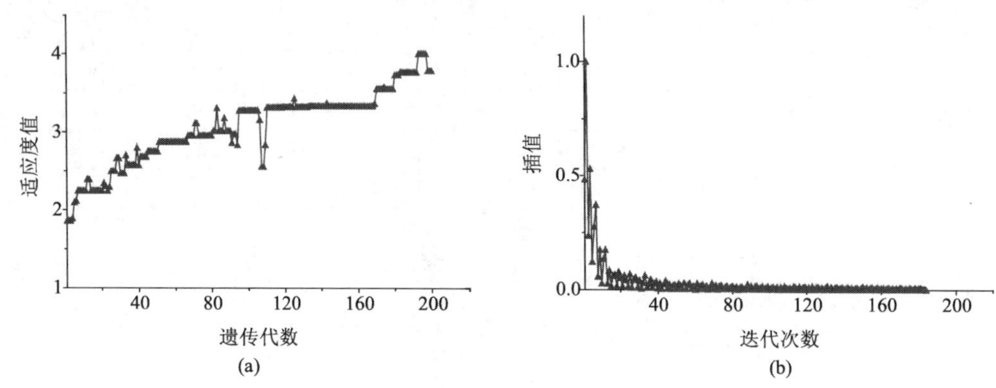

图 5.4　遗传算法和 Frank-Wolfe 算法运行收敛结果

（a）上层模型中遗传算法每代种群适应度值变化；（b）下层模型 Frank-Wolfe 算法收敛图

表 5.3 对比了不同年份（T=1, 2, 3）最优土地分配策略（OL）与最差土地分配策略（WL）下的总交通系统费用情况。可以看出，在最差土地分配策略下，总交通系统费用随着时间急剧增长。例如，WL 中，T=2 时为 1734.5，而 T=3 时增到 9166.8。与最差分配策略相比，从 T=1 到 T=3，最优土地利用分配策略能够减少的交通系统费用分别为 30.8%、59.7%和 90.2%。随着人口与土地利用需求增长，说明从 T=1 到 T=3，本节提出的双层模型能够优化土地利用分配，可以有效地减少交通系统费用。人口增长越急剧，该模型能够更有效地降低交通系统费用。

表 5.3　最优与最差土地利用分配策略下交通系统费用对比

	增加的家庭数量/户	增加的土地利用需求/元胞个数	总交通系统费用[a]		减少的交通费用比例/%[b]
			最优土地分配策略（OL）（×1000）	最差土地分配策略（WL）（×1000）	
T = 1	1000	33	482.3	696.9	30.8
T = 2	1000	33	698.7	1734.5	59.7
T = 3	1000	33	900.2	9166.8	90.2

a. 总交通系统费用计算方法：整个交通网络中 OD 需求量与相应交通费用乘积的总和；

b. 减少的交通费用比例= $\frac{\text{交通系统费}_{WL}-\text{交通系统费}_{OL}}{\text{交通系统费}_{WL}}$

图 5.5 对比了从 T=1 到 T=3 的最优与最差土地利用分配策略的空间分布情况。在最优分配策略中（图 5.5（a）、5.5（c）和 5.5（e）），新开发的土地元胞分布较为分散，每个 TAZ 土地利用类型比较多。相反，最差分配策略中（图 5.5（b），5.5（d）和 5.5（f）），几乎所有的新开发的土地元胞都集中在已开发的同种土地类型的元胞周围，且 TAZ 中土地利用类型较为单一。由此可见，在现有的土地元胞附近开发同种类型的土地，将更容易导致更高的交通系统费用。也就是说，混合土地利用开发能够一定程度上减少交通系统费用，提高交通系统效率。

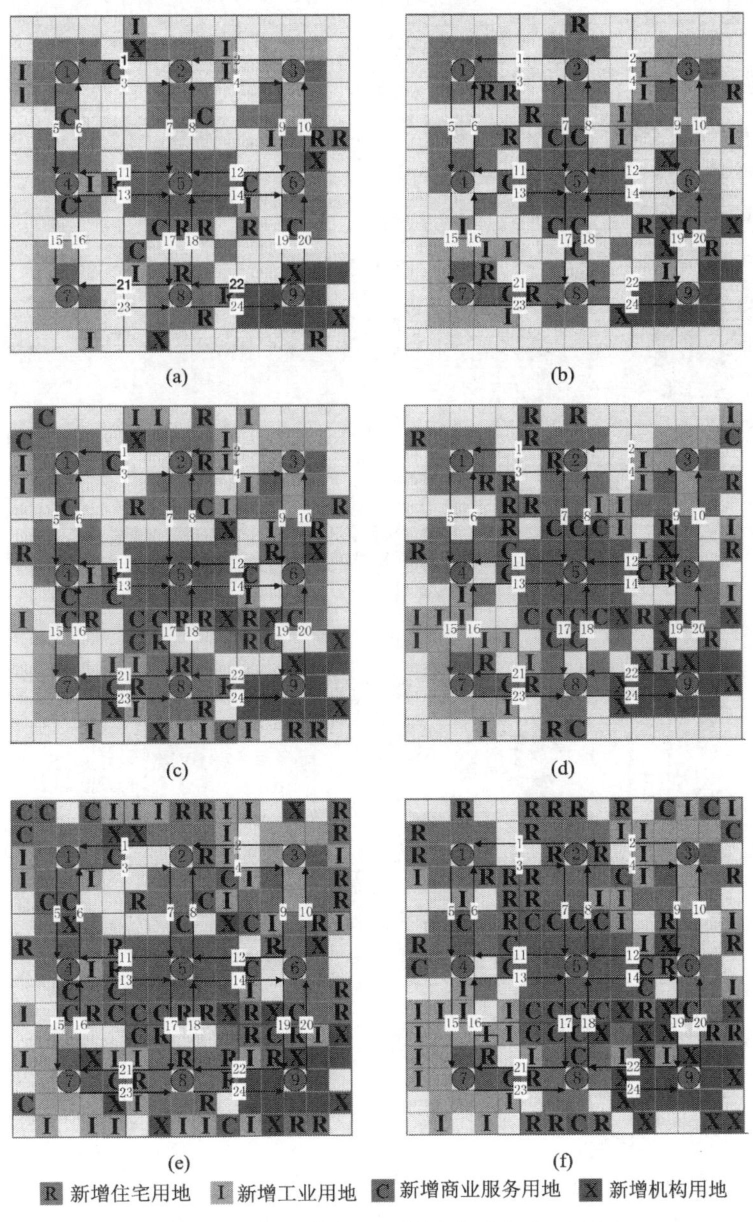

图 5.5　最优和最差土地利用分配策略对比图

（a）T=1 年最优分配策略结果；（b）T=1 年最差分配策略结果；（c）T=2 年最优分配策略结果；（d）T=2 年最差分配策略结果；（e）T=3 年最优分配策略结果；（f）T=3 年最差分配策略结果

从数值结果显示,双层模型产生的最优土地利用分配策略能够有效减少交通费用,这与文献（Chang and Mackett，2006）中的结果相吻合。需要指出的是，本节提出的双层模型从定量的角度分析未来的土地利用变化情况，基于最小化交通系统费用的目的下，能够直接为土地利用将来的发展提供导向。

5.5 家庭智能体居住选择行为结果分析

采用竞租理论，分析具有不同社会经济属性的家庭的位置选择行为。在竞租理论中，家庭对所不同住宅的选择的愿支付函数以及住房租金直接与交通出行费用相关。交通出行便利、出行费用低的住宅位置，一般具有较高的投标价格，而出行费用较高的地区，其租金及用户投标价格一般较低。

图 5.6 显示了最优土地利用分配策略下，从 T=1 到 T=3 年，新增住宅位置的空间分布情况。可以看出，家庭用户更偏好研究区域中心（CBD）的位置。在 T=1 时，离市中心（CBD）较近的空地元胞较先开发为住宅用地，而随着时间推移，CBD 附近的空地越来越少，在 T=3 时，更多周边 TAZ 的空地元胞被开发成住宅用地（如第三个 TAZ 的位置 6、7 和 8 都位于研究区域边缘地区）。

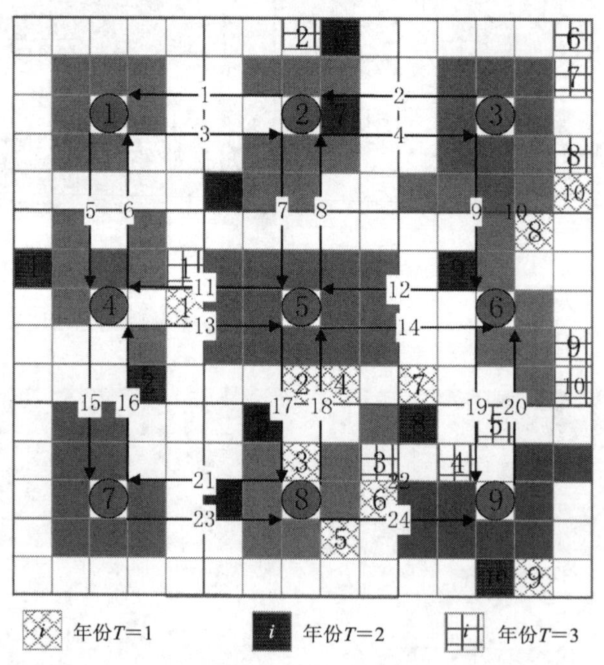

图 5.6　最优分配策略下新增住宅用地空间分布结果

图 5.7 显示了从 T=1 到 T=3 年，4 种不同类型家庭用户在 10 个新增的住宅位置的分布比例。其中，横坐标为每年新增的对应的十个住宅用地元胞，其具体空间位置见图 5.6。纵坐标为 4 种不同类型家庭在对应位置所占的百分比例。对于收入较低的家庭类型而言（类型 4），对住宅位置的竞价往往比收入高的家庭（类型 1）低，所以其

所能选择的住宅非常有限，范围较小。从图 5.7（a）中可看出，位置 2、4 中第 4 类用户所占的比例相当高，也就是说，大部分收入较低的家庭用户都集中选择这两个位置。相反，收入高的家庭选择住宅位置更为灵活。从图 5.7 中可以看出，每年收入高的家庭，其在各位置的分布波动远小于收入低的家庭。从图 5.7（a）中可以看出，第 1 类及第 2 类家庭用户其在各个位置的分布曲线较为平滑，选择灵活。

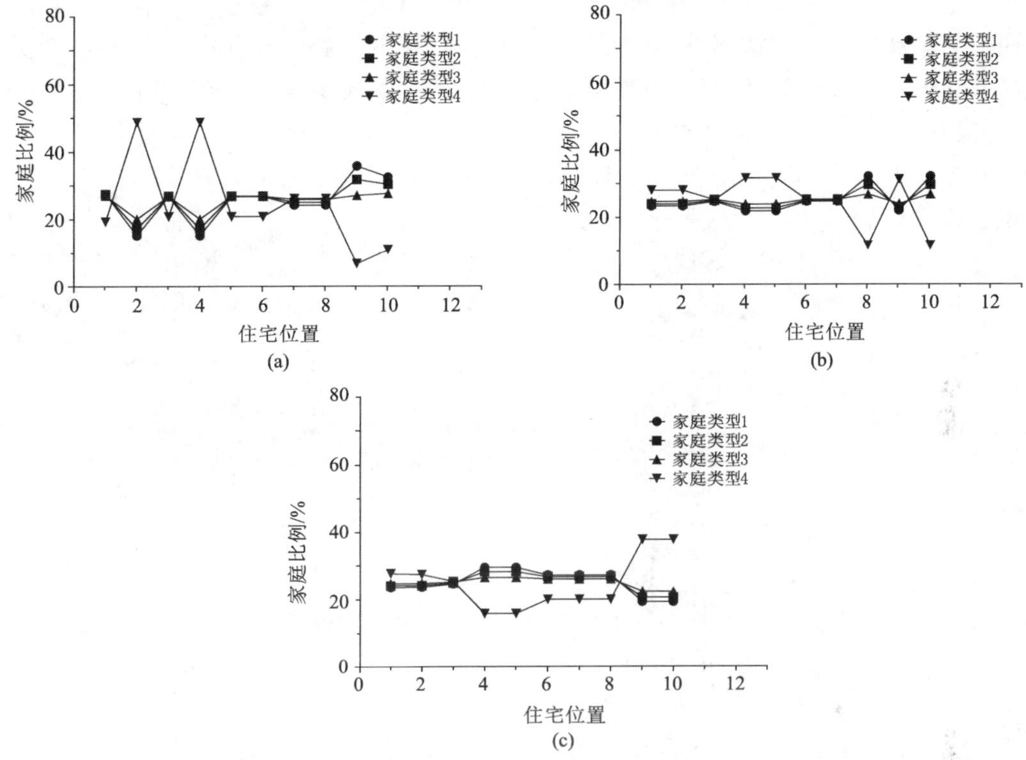

图 5.7　不同年份下 4 种不同类型家庭用户在新增的住宅位置的分布比例

（a）T=1 年；（b）T=2 年；（c）T=3 年

同时，可以看出，在 T=1 时，收入最低的第 4 类家庭高度分布在第 5 个 TAZ 的元胞位置 2 和 4 中。从图 5.6 中的空间分布显示，元胞 2、4 位于研究区域中心位置，这与国外市中心地区，其交通拥堵严重、出行费用高、环境较差，且用地类型单一（多为商业服务用地），难以全面方便地提供各种出行目的下的出行地点等原因，导致中心地区的住宅往往被收入较低的家庭选择。可看出，收入较高的家庭更倾向于选择第 9 个 TAZ 的住宅位置，该 TAZ 所居特点是，附近交通较为畅通，且包含多种不同土地类型，混合土地开发，使得能够方便快捷到达各出行目的下的目的地。

在美国，通常收入高的家庭居住位置往往离市中心有一定距离，而城市中心，则多数为收入较低的家庭。此外，城市中心及其附近的家庭住宅单元往往为多层、高层住宅，而高档别墅住宅区常分布在城市中心外围地区。这也是收入高的用户不选择 CBD 附近的另一个原因。

5.6 土地利用分配对交通网络的影响

以上分析了通过交通可达性及交通费用如何影响土地利用空间分布及家庭用户在竞租理论下的位置选择行为。相反，土地利用分配同时也会影响交通网络。本节采用交通网络中路段饱和度指标，评估交通网络的运行状态。路段饱和度是指分配到路段上的实际流量与该路段通行能力的比例。通常，高路段饱和度（>85%）就被认为该路段交通较为拥挤（Daganzo,1998）。

图 5.8 对比了不同年份下，最优与最差土地利用分配策略下的路段饱和度情况。其中，横坐标表示 24 条路段，纵坐标对应为该路段的饱和度，四条曲线分别表示从 T=0 到 T=3 年。可以看出，从 T=1 到 T=3 年，随着人口增长，交通需求增加，研究区域的交通网络逐渐陷入拥挤状态。

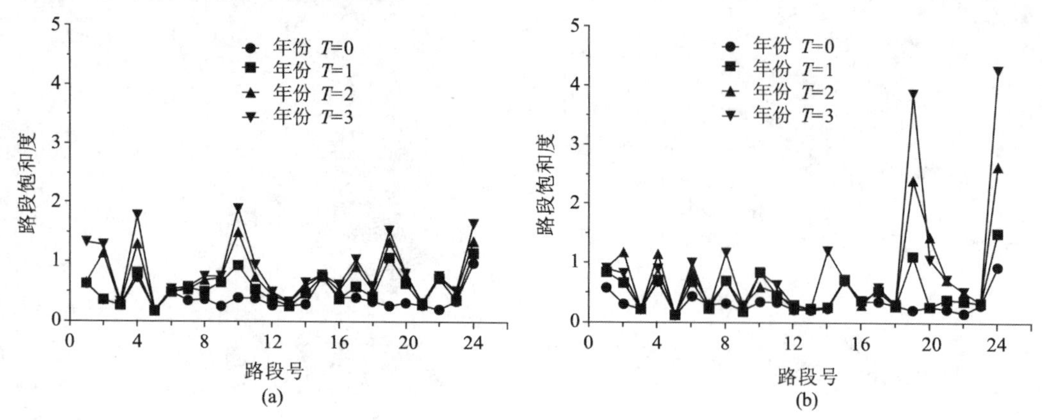

图 5.8 研究区域交通网络 24 条路段饱和度图

（a）最优土地利用分配策略下路段饱和度；（b）最差土地利用分配策略下路段饱和度

对比图 5.8 中最优与最差土地利用分配策略，在图 5.8（b）的最差土地利用分配策略中，路段 19 与 24 饱和度相当高，超过了 300%，而在图 5.8（a）的最优策略中，路段的饱和度曲线相对较为平缓，且相对最差策略中较低。可以看出，所提出的双层模型，得出的最优策略能够有效缓解交通拥挤。同时，在现有不变的交通网络情况下，随着时间增长，许多路段的饱和度远远超过了 85%。例如，在 T=3 时，不论在最优还是最差土地利用分配情况下，多数路段的饱和度都超过 85%，甚至大于 100%。也就是说，在人口及交通需求增长迅速的情况下，单靠土地利用分配政策也难以缓解交通拥挤，一定的交通政策及措施，如路段扩充、交通优化控制、新建道路、增加交通方式（修建轻轨地铁等）、公交优先等也显得非常必要。因此，制定实施解决交通拥挤的相关交通政策也至关重要。

5.7 本章小结

本章提出一个双层模型，用以研究土地利用分配与交通网络间的相互作用。在上层土地利用分配模型中，采用元胞自动机模型从时间空间维上仿真土地利用的动态变化，通过竞租理论描述不同社会经济属性家庭的住宅位置选择和土地利用市场的竞争机制。下层交通模型包括基于 Logit 模型的交通分布模型和经典交通网络的用户均衡模型。上层模型产生基于栅格的土地利用分配策略以及住宅位置选择，并反馈输入到下层交通模型，以更新基于 TAZ 范围的交通需求。而下层模型的新的交通费用与可达性指标将作为上层模型输入。该双层模型可以用组合遗传算法与 Frank-Wolfe 算法求解，得到具有最小交通系统费用的最优土地利用分配策略。

通过对双层模型进行数值实验仿真，可以研究交通系统与土地利用分配的相互影响关系。模型得出的最优土地利用分配策略能够显著提高交通系统效率，降低交通系统费用达 30.8%～90.2%。此外模型同时研究了不同土地利用分配策略对交通系统的影响。最优交通分配策略能够有效缓解交通拥挤。该模型提供定量分析方法，研究土地利用空间分布与交通系统的关系，从而能为长期交通土地利用规划提供有用的规划信息。

该双层模型能够为如何开发土地利用，以使得对交通影响最小提供理论和定量的分析依据。数值实验结果显示该模型的有效性，能够在满足新增人口及土地需求下，优化土地利用空间结构，降低交通系统费用。尽管双层模型有很多优点，该模型仍有需完善的空间。在本模型中，出行类型只考虑到了基于家庭的出行类型，而非家庭出行并未考虑。而在城市交通网络中，非家庭出行占总出行的 25%～30%，（Schultz and Allen，1996）。一个更完善的模型需要能够考虑所有出行类型下的出行生成与吸引量。此外，该模型只考虑了家庭的位置选择行为，未考虑工业、商业等就业部门的位置、搬迁行为。全面考虑影响土地利用变化的个体微观行为，在实际土地利用交通一体化研究中非常有必要。

第6章　土地利用、交通和空气质量一体化模型构建

6.1　城市空间结构、交通与空气质量之间的关系

随着我国日渐加剧的城市化进程，空气质量的恶化已经严重危害到公众健康，“无处呼吸”的现象已经困扰多数城市居民。全世界约80%的人口居住于城镇中，空气质量气对于城市生活至关重要（Lee et al.，2012）。目前我国采用了诸多方法来缓解空气污染，如清洁燃料技术、支持可更新能源的政策、机动车单双号出行限制以及公交优先策略。然而，空气污染以及交通拥挤所带来的巨大压力仍然困扰着城市发展。研究学者在规划实践中已意识到城市用地空间结构与空气质量之间的重要关系。城市结构是土地资源配置的结果，这一过程与多个复杂因素相互关联（如城市地形与拓扑结构、政府政策、职住区位选择以及城市经济），因此，制定有效的政策管理需要全面了解城市用地空间结构和空气污染排放之间的关系。本章旨在提出一种定量方法，从改善空气质量的角度优化土地利用空间配置。

Song（2013）对城市结构定义的经验解释进行了综述。研究学者已认识到，城市空间载体的异构性，导致了城市居民、就业和政府等空间活动的产生（Anderson et al.，1996）。Tsa（2003）将城市结构理解为土地利用空间分布的综合表现，包括单中心与多中心、集中与分散、连续与分散模式。城市结构又被定义成一个空间系统，其中包含了城市形态、城市相互作用，以及决定两者关系的一系列组织原则（Bourne，1982）。城市形态是指城市的全面实体组成，或实体环境以及各类活动的空间结构和形成，包括土地利用空间模式、密度，以及交通等基础设施的空间格局。而城市相互作用是指城市间物质、能量、人员、信息流动的交互作用过程。其中的人员流动，尤其是通过机动车方式所产生的，对环境有着重要负面影响（Tsa，2003）。因此，城市结构是环境影响评估中的一个不可忽略的因素。

大量的证据显示城市结构能够影响城市空气质量。研究文献表明城市结构在城市空气质量水平中扮演了重要角色。Martins 等（2012）根据空气质量模型系统，通过研究可替代城市发展方案分析了城市增长及其带来的土地变化对空气质量的影响。并指出未来工作将集中于结合土地利用模型、交通模型以及空气质量模型来探索土地利用变化与交通量空间分布对空气质量的影响（Martins et al.，2012）。Borrego 等（2006）利用中尺度光化学系统（MEMO/MARS）分析了三类城市结构（分散型、轴带型和紧凑型）的空气质量来研究城市规划如何影响城市可持续发展。结果表明，与分散型城市相比，紧凑的功能混合型城市提供了更好的空气质量，然而由于城市结构和空气质量关系的复杂性，基于现有文献中空气质量的评估方法，未能实现城市结构的自适应优化。因此，基于优化空气质量的可持续发展目标，考虑土地利用、交通和环境相互

作用，对城市结构进行优化研究具有一定前瞻性。

交通排放被认为是空气质量恶化的首要因素，而土地利用空间的异构性导致了交通排放的决定性因素——交通需求（Trucco et al.，2012）。从交通需求的角度出发，不同功能的用地空间布局是出行生成的重要输入数据。较分散的土地利用布局往往导致更多的交通出行量，尤其是长距离通勤的交通需求。紧凑型城市结构，具有高密度和混合开发的特征，能够有效减少需求量，并由此降低交通排放量，促进公共交通、步行以及自行车的低碳出行方式（Martins et al.，2012）。这与许多城市的人均燃料消耗与人口密度的关系相吻合，即人口密度越高的紧凑集约型城市，其人均燃料消耗越低（Newman and Kenworthy，1989；Newman，1992）。

通过结合土地利用、交通需求、交通排放以及空气质量的相互作用，本章聚焦于土地利用结构的优化进而改善空气质量。相关利益者的决策共同决定了城市土地利用空间结构，这表明如果各决策体被鼓励更重视选择区位的综合效用，那么就有可能实现高效且有益的通勤模式（Anderson et al.，1996）。竞租理论在用地区位选择中有着更多的应用（Martinez，1996；Chang，2007；Zhao and Peng，2012）。该地理经济理论指出，区位的土地价格与房地产需求随着其空间位置而变化（通常是与 CBD 的距离越近，房价越高）（Wheaton，1977；Shieh，2003）。本章将采用多智能体和竞租理论描述土地利用开发模型。

本章后续内容组织如下：首先，利用污染物排放来构建空气质量模型。其次，阐明交通排放和交通模型的相互关系并介绍基于竞租理论的土地利用模型；结合空气质量优化、交通排放与基于竞租位置选择用地模型，展开阐述所构建的模型以及相对应的算法设计。最后，通过对城市区域的案例进行实证研究，最终得出相关结论。

6.2　空气质量、交通排放及用地变化的量化分析

6.2.1　空气质量排放指数

交通排放，以及来自居住、商业、工业活动的排放是导致城市空气恶化的两大主要原因。而两者都由城市结构决定。因此，本书采用以下因子估算影响城市 TAZ r 的空气质量水平的排放指标：城市空间结构特征、交通排放量，以及商业或工业活动中的排放量。空气质量的排放指数表示如下：

$$A_r = \lambda B_r + \delta E_r + \tau L_r + c \tag{6.1}$$

其中，基本因子 B_r 代表城市结构相关的变量，由人口密度 B_{r1}、土地利用混合度 B_{r2} 组合而成（Zahabi et al.，2012）。土地混合度采用如下熵指标计算：

$$B_{r2} = -\sum_{r=1}^{\bar{r}} \sum_{k=1}^{\bar{k}} \frac{[(\frac{\bar{a}_{rk}}{\bar{A}_r}) \ln(\frac{\bar{a}_{rk}}{\bar{A}_r})]}{\ln(\bar{k})} \tag{6.2}$$

式中，$\overline{a}_{rk}$ 为 TAZ　r 中 k 类用地的面积；$\overline{A}_r$ 为 TAZ　r 的已开发用地的总面积；$\overline{r}$ 为 TAZ 的总数；$\overline{k}$ 为土地利用类型的总数。本章中，根据土地利用和出行生成的相互关系，考虑包括居住用地、工业用地、商业服务业用地、机构用地在内的四种用地类型。通过交通四阶段（包括出行生成、出行分布、方式划分、交通分配）过程的联系，交通排放随着土地利用空间布局变化而变化。其中，交通分配过程所用到的用户均衡模型能显示出交通量的具体空间分布。从商业或工业活动中产生的排放物与工厂类型、规模、区位和能源利用状况相关。本章为了简化运算，L_r 由商业及工业用地区域估算而来。参数 λ 、δ 和 τ 为相对应的权重，c 为能被观测数据校准的常数。

6.2.2　交通模型中的交通排放

空气质量的恶化被认为是交通对于环境的一个潜在负面影响。根据排放清单分析，包括私家车、货运车和公交出行方式在内的城市道路交通是当地空气污染的主要来源（Engel-Cox and Hoff，2005）。交通中的能量消耗也产生了温室气体排放，这一境况随着人们汽车拥有量和机动车出行需求的增加而更加恶化。通常通过测定一氧化碳（CO）、挥发性有机化合物（HC）以及氮氧化合物（NO）的量可以测算由交通排放造成的空气污染程度。这些排放物可采用道路路段长度、交通量、道路属性（如道路等级、出行时间和速度）进行评估。CO 排放（g CO/h）被认为是机动车交通导致的大气污染的重要指标（Alexopoulos et al.，1993；Yin and Lawphongpanich，2006；Wang et al.，2013）。本章利用式（6.3）估算交通网络中 CO 的排放量（Wallace et al.，1998）：

$$E_r = \sum\nolimits_a f_a \times 0.2038 \times t_a \times \mathrm{e}^{0.7962(L_a/t_a)} \tag{6.3}$$

式中，L_a 为路段 a 的长度，km；f_a 为路段 a 的交通量；t_a 为当流量为 f_a 时路段 a 上的行程时间，可根据美国公路局的 BPR 函数计算（Hamdouch et al.，2007）。在用户均衡（UE）的假设下，可计算出交通流量，其公式如下所示（Beckmann et al.，1956）：

$$\text{s.t.} \quad \sum_l f_l^{rs} = q_{rs}, \forall r,s \tag{6.4}$$

$$f_l^{rs} \geqslant 0, \forall r,s,l \tag{6.5}$$

$$f_a = \sum_{rs}\sum_l f_l^{rs}\delta_{a,l}^{rs} \quad a \in G \tag{6.6}$$

式中，a 为研究区域路网的路段；G 为所有路段集合；f_a 为路段 a 上的交通流。如果路段 a 属于 OD 对 rs 间的路径 l，则 $\delta_{a,l}^{rs}$ 等于 1，否则为 0。q_{rs} 为在 OD 对 rs 之间的总的出行需求（Hamdouch et al., 2007）。

6.2.3　出行需求与土地利用、人口的耦合

出行需求总量 q_{rs} 可从基于竞租理论的土地利用模型中获得。由不同土地利用空间分布导致的交通需求，可以通过 Logit-based 模型计算得出（详见 Zhao and Peng, 2010）。

TAZ r 中 h 类智能体选择 TAZs 为出行目的 p 下的终点的效用表示为 u_{hr}^{sp}。假设效用 u_{hr}^{sp} 服从指数为 ϕ 的 IID(独立同分布的) Gumbel 分布，那么以 p 为出行目的的 h 类型决策智能体选择 TAZ r 作为目的地的可能性可以用公式 $\exp(\phi\times u_{hr}^{sp})\Big/\sum_{s}\exp(\phi\times u_{hr}^{sp})$ 来表示。由此，出行需求总量 q_{rs} 可被推导出来：

$$q_{rs}=\sum_{h}\sum_{p}\frac{N_{r}^{h}M_{h}^{p}\exp(\phi\times u_{hr}^{sp})}{\sum_{s}\exp(\phi\times u_{hr}^{sp})} \tag{6.7}$$

式中，N_r^h 为 TAZ r 中 h 类型决策智能体总量；M_h^p 为 h 类智能体出行目的为 p 的出行率；变量 N_r^h 可由竞租土地利用模型得到；出行需求 q_{rs} 为计算路段交通量和出行时间的先决输入条件，从而进一步估算 CO 排放量。

6.2.4 基于竞租理论的土地利用模型

城市空间结构时空的变化会导致空气质量变化。本章旨在量化土地利用结构与空气质量的关系，由此提出优化方法以改善空气质量并推动可持续发展。为了简化问题，假设用地空间布局与居住、就业的空间位置选择以及物质空间环境因素相关。在空间位置选择中，家庭、就业以及开发商的决策行为至关重要。家庭与就业被认为是需求方，而开发商在土地使用市场中扮演着供应方的角色。竞租模型是基于地理经济理论发展形成的，其认为决策者通常会对离城市中心近的地区出价高，而对偏远地区出价低，以此来实现其利润最大化。随着城市化进程的加速，日渐增长的机动车数量以及频繁的生产活动产生的污染排放物严重恶化了空气质量。环境因素已经成为了决策体竞标过程的一个重要参考指标。例如，在中国武汉，高铁站周边的用地依靠其便捷的交通体系，原本被认为可吸引众多的居民以及商业开发。然而，由于高铁站不远处两家污染严重的化工厂的存在，导致其周边很少有土地被开发。通常情况下决策体会远离污染源以及其影响区域，而对环境较好的区域给出更高的报价。

当选择区域 i，土地类型为 k 时，决策体的投标价格或愿支付函数为

$$D_{ik}^{h}=-d_{hk}+A_{r}-\sum_{p}N_{h}^{p}\varphi_{hik}^{p}(t) \tag{6.8}$$

式中，d_{hk} 为 h 类的决策体依据其能力做出的货币竞价负效用；A_r 为决策体对位置 i 的环境属性估测，采用元胞 i 所处的 TAZr 中的所有排放指数表示。等式右边的第三项表示元胞 i 的交通可达性，由位置 i 中不同出行目的 p 下的平均出行时间估计得出。其中，N_h^p 为以 p 为出行目的的出行数量，$\varphi_{hik}^{p}(t)$ 为预计的平均出行费用，可通过 UE 模型的 c_{rs}^{a} 得到。

假设愿支付函数是服从变量为 θ 的 IID Gumbel 分布的随机变量，出价概率 $\Pr_{ik}^{h,\text{bid}}$ 表示 h 类决策体成为位置 i 的最高出价者的概率，其公式为

$$P_{ik}^{h,\text{bid}}=\exp\theta(D_{ik}^{h})/\sum\nolimits_{h}\exp\theta(D_{ik}^{h}) \tag{6.9}$$

从拍卖的角度，所选中的位置本人认为能够提供给 h 类决策体最高的投资收益，因此，位置 i 的租金 r_{ik} 可以通过预计的最高竞价来计算。对决策体 h 而言，按照效益最大原则，其将选择出价与租金正差值最大的区位。与出价概率类似，选择概率可以表示为

$$P_{ik}^{h,\text{cho}} = \exp\theta(D_{ik}^{h} - R_{ik}) / \sum_{i} \exp\theta(D_{ik}^{h} - R_{ik}) \tag{6.10}$$

在土地竞租市场中，决策智能体的空间分配是由选择概率决定的，而土地供应是基于出价概率决定的。当所有的智能体都按照竞租原则选择了区位，土地市场则达到了均衡。在该均衡状态下，对于每一种土地类型 k，每个被开发的元胞 i 中分配到的智能体数量可以表示为

$$N_{ik}^{h} = N^{h} P_{ik}^{h,\text{cho}} \tag{6.11}$$

式中，N^h 是 h 类的智能体的总量。在交通排放计算时，区域 r（等式（6.7））中分配的智能体则可以通过 $N_r^h = \sum_{i\in r,k} N_{ik}^h$ 计算。

6.3 面向提高空气质量的城市用地空间结构优化

基于竞租理论框架，本节旨在寻求最佳城市空间结构进而改善空气质量。双层优化模型可以被简化成如下形式：

$$Z_1 = \min \sum_r A_{rt} = \sum_r f(E_r(q_{rs}(N_r^h))) \tag{6.12}$$

$$Z_2 = \min_{(N_{ik},d,\mathrm{R})} \sum_h N^h d_h + \sum_{i\in\Omega_0} S_i R_i + \frac{1}{\theta}\sum_h \sum_{i\in\Omega_0} \exp\left(\theta\left(D_{hi}(d_h) - R_i\right)\right) \tag{6.13}$$

式(6.12)中的 Z_1 代表研究区域内空气质量优化模型，它可以由式(6.1)至式(6.8)推导得出。Z_2 的优化问题基于竞租土地利用模型，它的推导过程已在前文阐述（Zhao and Peng，2010）。

式（6.12）的模型代表政府所期待的空气质量效益，式（6.13）的优化问题揭示了自下而上的微观个体行为。双层优化模型的最优解为最佳的土地空间配置，其既满足了竞租理论的个体原则，也满足了改善空气质量带来的政府利益。本节组合遗传算法（GA）、基于竞租的循环均衡求解算法以及 Frank-Wolf 算法，以求解该模型。土地开发变量 x_{ik} 表示土地元胞 i 是否开发成 k 类土地；对于土地利用分配问题而言，x_{ik} 是为 0 和 1 构成的矢量，而这使其能够便捷地运用在遗传算法的基因编码中。竞租均衡可以通过 Loop 算法来实现（Briceño, Cominetti et al.，2008）。图 6.1 表示所采用的算法的基本结构。

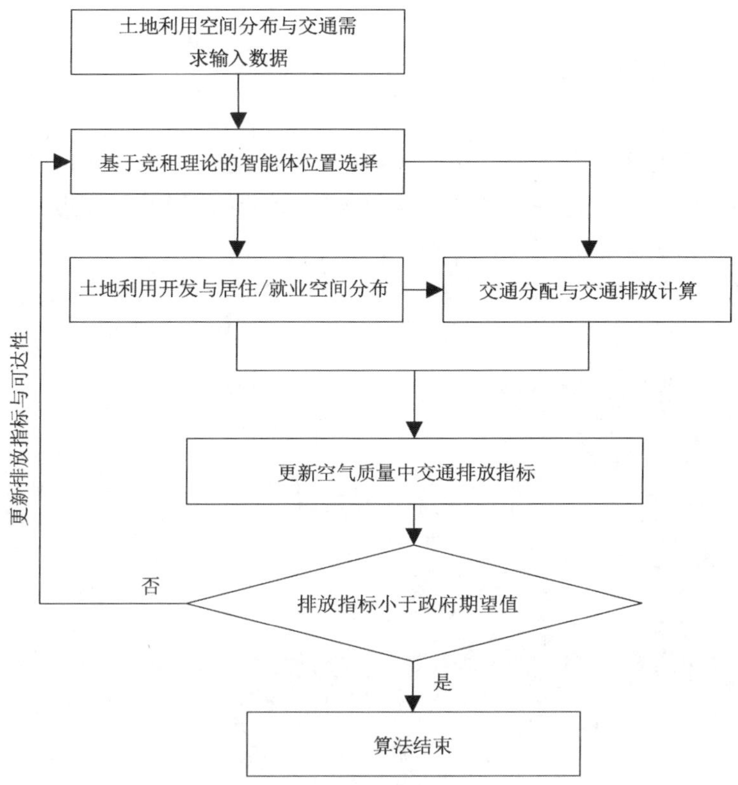

图 6.1　双层优化模型的基本算法结构图

首先，土地利用开发和家庭/就业智能体配置可通过基于竞租理论的智能体位置选择得到。通过输入基于路段的交通量，新的用地布局结果将与出行需求相耦合，从而进行交通分配并计算得出交通排放结果。其次，通过计算土地利用配置结果和交通排放量更新空气质量排放指数。最后，检验整个区域的排放指数是否满足政府需求或达到了指定终止条件。如果满足条件，输出土地利用配置的策略和排放结果；反之，则基于当前的空气质量排放指数和交通可达性所计算的新的愿支付函数，继续进行竞租的循环过程以优化土地利用。采用 Matlab 该算法实现，并通过 ArcGIS 中生成 ASCII 码矩阵得以可视化。算法的主要步骤如下所示。

步骤 1：初始化年份 T=0 时刻的土地利用属性和交通网络。定义愿支付函数，采用竞租循环生成土地利用空间布局结果，分配下一年元胞的家庭/就业智能体。

步骤 2：通过输入土地利用属性（例如土地类型、面积等）和基于式（6.7）的智能体分配，更新出行需求。根据得出的新需求，使用 frank-wolf 算法更新交通可达性，基于式（6.3）计算出交通排放量。最后根据式（6.1）更新研究区域的空气质量排放指数。

步骤 3：根据适应性函数式 $fit([x_{ik}])=1/Z_1$ 实施遗传算法（GA）。在 GA 的选择、繁殖、变异过程中，寻求有最佳适应度的最优土地利用配置策略 $[x_{ik}]$。如果满足终止条件，输出该最优土地利用配置策略结果并更新（T+1）年份的土地利用与人口数据；反之，则在根据当前的土地利用配置策略，更新愿支付函数中的交通可达性和排放量指标，返回到步骤 1 的竞租位置选择过程。

6.4 一体化模型应用与结果分析

本章采用第 5 章的城市区域作为案例实证研究（Zhao and Peng，2010）。图 6.2 显示了土地利用开发和交通网络在初始年 $T = 0$ 时刻的情形。在最初的土地开发过程中,CBD 位于商业服务业集聚的中心地带。在研究区域中,225 个元胞包含了 9 个 TAZ*s* 和 24 条路段的交通网络。研究区域所有初始参数与第 5 章一致。采用 Matlab 9.0 和 ArcGIS 10.1 进行分析求解。

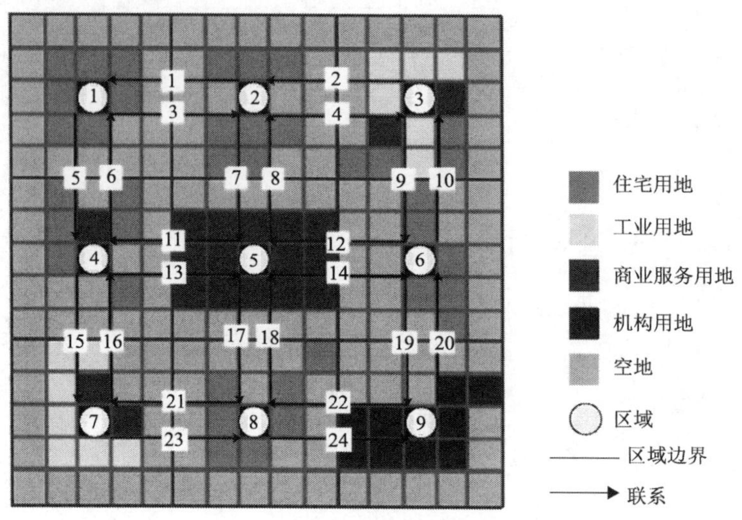

图 6.2 年份 T=0 时的初始土地利用和交通网络图

6.4.1 土地利用优化结果

为了评价土地空间结构对交通排放的影响程度，该模型中考虑了两种情景。优化情景是所提出模型中得到的最佳的土地利用配置状态，而普通情景（BAU）中区位选择只考虑了竞租理论而没有对空气质量进行优化。优化情景是当人们对空气质量有了全面认知并对政府改善空气质量的行为十分满意时，基于职住区位选择和土地空间分布的结果。BAU 情形只体现了竞租过程中代理人对交通可达性而非空气质量的考量。

图 6.3 表明两种情形下的土地利用空间分布的短期内变化。可看出居住用地和商业设施用地在普通情景下有更高的集聚度，如大多数的居住用地分布在西北区域，而商业用地更倾向选址于靠近 CBD 的地方。然而在优化情景中，商业设施用地呈现多核心态势，且多在 CAB 附近与居住用地混合。为了减少学校通勤数量和距离以及减少尾气排放，居住用地通常更靠近公服用地布置。一般而言，模型中优化情景的用地模式通过功能复合的多中心土地开发，可以合理且高效地改善空气质量。

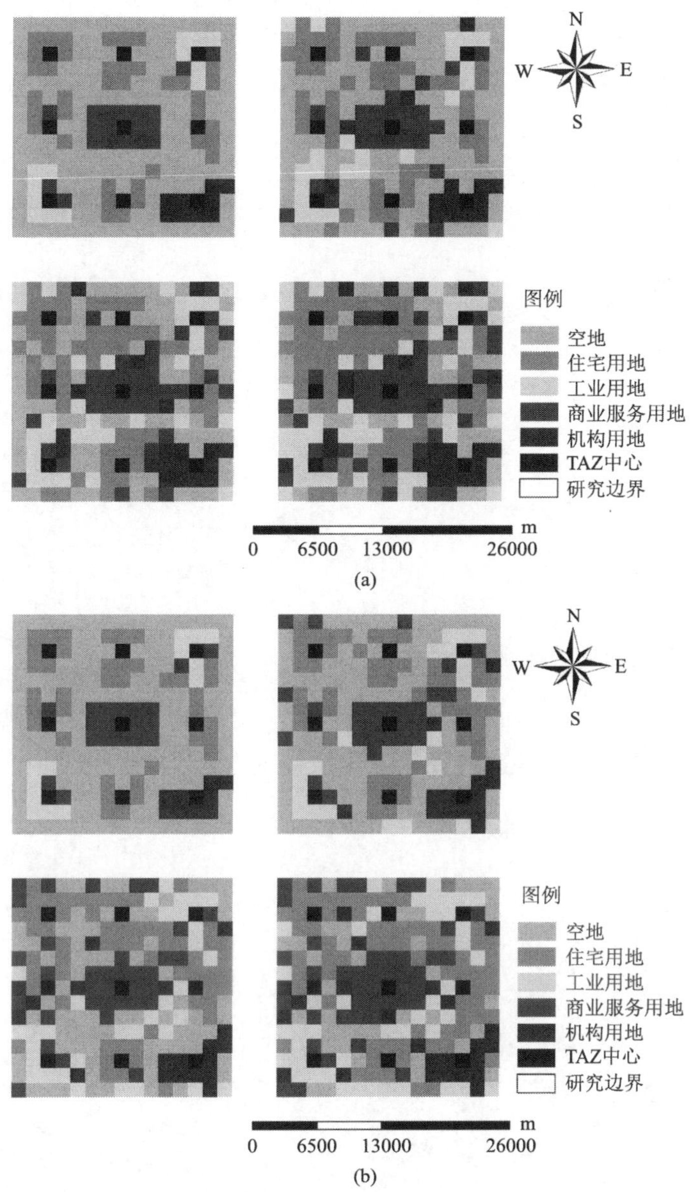

图 6.3 两种情形下的土地利用模式（T=0、1、2、3）
（a）普通情景；（b）优化情景

6.4.2 交通排放分析

如式（6.1）所示，排放指数可由基于 TAZ 尺度的人口密度、土地利用混合度、交通排放以及工业/商服用地总面积的加权总和计算得出。由于缺乏某些观测数据，为了简化运算，我们只考虑 CO 的排放。为了量化最优城市结构对改善空气质量的有效性，图 6.4 比较了两种情景下的 CO 的交通排放量。由于每年交通出行需求量和人口的增加，空气质量污染物也随之增加。在优化情景中，T=1 时道路交通产生的 CO 排放量大约是 6350 g/h，而在 T=3 时却升至 19553 g/h。两种情景的差异表明，优化情景的最优土地模式相比于 BAU 情景而言，可以减少 21%～32%的污染物排放量。由此可见，土地利用空间结构的优化对于空气质量的改善是一个重要且有效的方式。

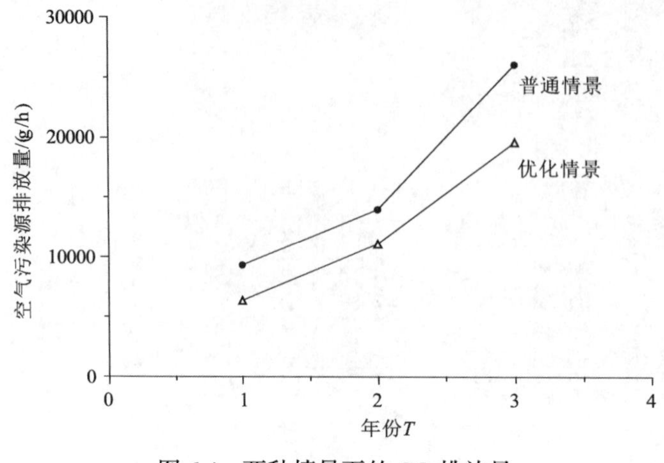

图 6.4　两种情景下的 CO 排放量

6.4.3　路段排放量和居住区位选择

为了检验空气质量和决策智能体位置选择决策行为的相互关系，需要分析路段的交通排放量。图 6.5 显示了普通情景和优化情景下 24 个路段的交通排放量。

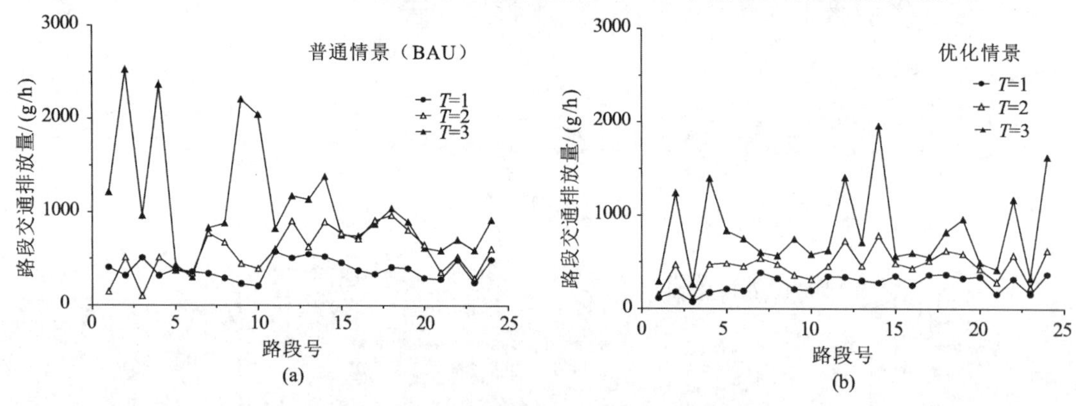

图 6.5　两种情景下基于路段的交通排放量

可以看出，对于这两种情景而言，随着用地开发和出行需求的增加，交通排放量明显高于平均值。年份 T=3 时，优化情景下路段 14 的最大交通排放量为 1963g/h，而普通情景下路段 2 的最大排放量达到了 2528 g/h。这表明我们所构建的模型得出的最优土地利用空间结构能够显著缓解路段排放量。在 BAU 普通情形中，随着时间的推移，土地开发不断加剧，路段交通排放量也随之急速增加。与此相反，优化情景中这种增加较为缓和。

对于每个路段，优化情景中交通排放量明显低于 BAU 情景。如图 6.5（b）所示，优化情景下路段 5、6、7、8、9 产生的交通排放量相对于其他路段来说较低。正如前文所述，在最优模型中，家庭智能体的位置选择考虑了交通排放的影响。因此，图 6.2

中显示的用地空间配置表明了大多数住宅智能体更倾向于选择低排放路段附近的地段，即图中上方 TAZ 1、4、2、3、6。这一结果验证了本章所提出的方法，能有效地体现空气质量，在竞租智能体位置决策中的影响。

6.5 本章小结

本章定量研究土地利用变化、交通活动和大气污染排放物的相互作用关系。模型结果显示，本章提出的双层优化模型能够体现空气质量在家庭/就业的个体位置选择决策过程中的重要影响。模型求解的最优土地利用空间模式能够从长远意义上缓解由交通排放导致的空气污染。通过整合基于竞租理论的土地利用模型和交通排放评估模型，本章采用组合遗传算法和 Frank-Wolf 用户均衡算法，提出了此双层优化问题的求解方法。所提出的研究模型和求解算法在实证分析中被证实合理且有效。研究结果表明，多中心混合土地利用开发模式不仅可以为决策个体和商贸企业双方提供可接受的空气质量水平，同时最小化空气污染排放总量。从个体行为的角度，政府可以通过对公众强调空气污染的空间分布情形来避免居住区和商业区集中开发于污染严重的单一商业中心区域。这同时表明，如果政府不采用城市无序蔓延模式，而是针对于多种新的混合型用地开发提供引导，如区划和奖励机制，则形成同时满足空气质量优化的个体选址与某一区域的交通污染最小化目标的用地开发模式是可能的。

本章提出的方法模型能够从时空角度得到土地利用优化决策并实现可视化。然而，由于数据资料的限制，还存在许多不足之处。其中一个不足在于只评估了某些特定交通排放物对局部空气质量的影响。然而，空气质量的量化十分复杂，大气因子（如 PM2.5 和臭氧）会被很多除了用地之外的因素所影响，如逆风污染物、通风条件以及局部排放物的时空变化。如本章研究结果显示，改变城市土地利用空间结构，尽管对道路周边的空气质量排放影响较大，但最终对整个城市范围的空气质量影响未必有明显效果。

第7章　基于佛罗里达州 Bay County 的土地利用交通一体化案例

在 2009 年，佛罗里达州交通运输中央办公室对佛罗里达州的 FSUTMS 用户进行需求调查，其中包括 26 个城市区域规划组织（MPO）、交通部门以及其他的一些规划机构。该调查表明，土地利用与 FSUTMS 的一体化研究被认为是最重要最迫切的需求。为实现这一目标，综合的土地利用交通模型已成为佛罗里达州交通部门重点研究发展方向，调查进一步指出，希望通过该一体化研究，进一步提高空气质量，促进佛罗里达州的土地利用与交通的可持续发展。

本章将基于 MNL-CA-Agent 模型构建土地利用软件 LandSys，与 FSUTMS 结合，构建土地利用交通一体化模型（LandSys-FSUTMS），并比较一体化前后结果，进行其相关政策分析。

7.1　土地利用模拟软件 LandSys 构建

LandSys 是基于本节提出的 MNL-CA-Agent（基于多项式逻辑模型的元胞自动机与多智能体）土地利用模型构建的土地利用仿真软件。MNL-CA-Agent 主要通过 Matlab 2009 程序实现。Matlab 具有强大的图形处理、矩阵计算功能。通过.m 文件进行图形用户界面（GUI）处理，并生成可执行文件，进一步构建 LandSys。在 FSUTMS 交通软件中，调用生成的可执行文件，以实现土地利用交通模型的一体化。

LandSys 模块分为三大模块：基本模块、参数校准模块和应用模块，详见图 7.1。其中，基本模块是 LandSys 的前期准备模块；参数校准模块用于学习并确定模型参数；在得到模型校准的参数后，通过应用模块，预测仿真土地利用变化并得出交通必要输入数据。

基本模块包括土地利用分类模块、数据处理与存储模块。土地利用分类模块，通过 4.2 节提出的定量变进变出法，对原始土地利用类型进行分类。其输入数据为研究区域以往两年的土地利用/覆盖数据（通常选择相差 10 年以上的两年，以避免错误分类）。其输出结果为研究区域在土地利用交通一体化要求下的土地重新分类结果。

数据处理与存储模块，其输入数据主要分为三类：DEM 数据与土地利用等空间数据（数据 i_1）、交通模型（FSUTMS）输出的交通时间和可达性 skim 文件（数据 i_2），以及人口和就业等统计数据（数据 i_3）。在处理这些数据时，根据数据处理流程图（图 5.2），数据处理与存储模块主要分三步进行。

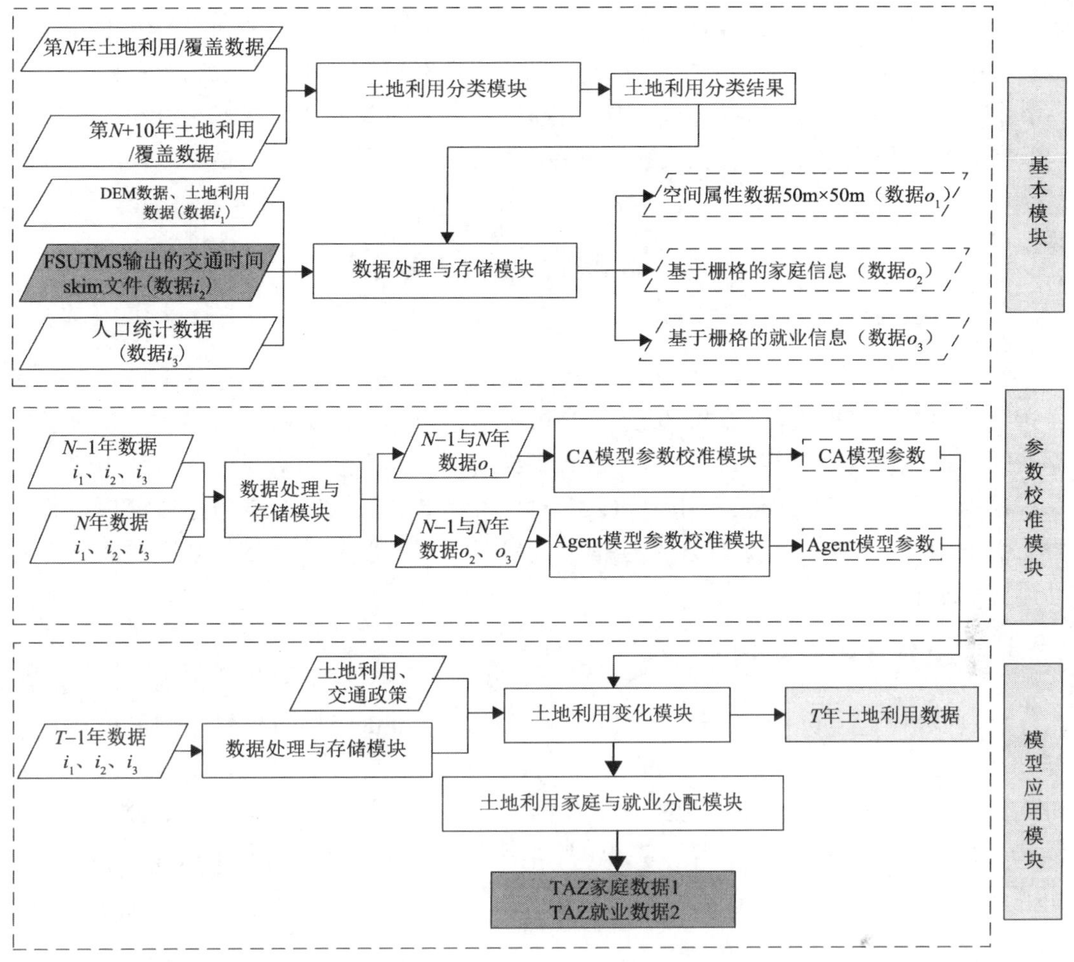

图 7.1 LandSys 模块结构图

将数据i_1采用 ArcGIS 空间分析工具可以转换成 50m×50m 的栅格数据，并进一步采用 Matlab 读取、存储成矩阵格式。

构建 TAZ-栅格转换子模块，将基于 TAZ 范围的数据i_2转换成栅格数据，存储每个栅格到其他栅格的交通费用和可达性等指标，通过 Matlab 函数进行存储。

根据人口、就业统计数据与土地利用分类结果，链接每个住宅元胞的家庭信息，以及每个已开发的非住宅元胞的就业信息，并将各类信息存储成矩阵形式。

参数校准模块包括 CA 模型参数校准和 Agent 模型参数校准模块。将两样本年（N–1 和 N 年）的数据i_1、数据i_2和数据i_3作为数据处理与存储模块的输入数据，得到数据o_1、数据o_2和数据o_3。将数据o_1、N–1 和 N 两年的土地利用数据作为 CA 模型参数校准模块的输入，按照 4.3 节描述的步骤，通过随机选择样本，对转换规则 MNL 模型进行参数标定，并计算模型验证精度。同样，将数据o_2、o_3作为 Agent 模型参数校准模块的输入，得到其参数验证结果。校准的参数结果是模型应用模块的重要输入。

模型应用模块包括土地利用变化模块、土地利用家庭与就业分配模块。土地利用变化模块包括两部分：根据外部智能体提供的政府、交通政策，确定土地利用变化转换规则（见 4.2.1 小节）；根据 4.3.1 小节的土地利用开发均衡，求解优化模型 Z1 和 Z2，得到下一年土地利用变化结果。而土地利用家庭与就业分配模块，则通过求解 4.3.2 小节中介绍的基于竞租理论的土地利用市场供给需求均衡模型，得到下一年基于 TAZ 的家庭、就业分配数据，作为交通模型 FSUTMS 输入。

7.2 智能交通预测模型

智能交通软件是基于现代电子信息技术面向交通方向的软件服务系统，是未来交通系统模拟与规划的发展方向，它是将先进的信息技术、数据通信传输技术、电子传感技术、控制技术及计算机技术等有效地集成运用于整个地面交通管理系统而建立的一种在大范围内、全方位发挥作用的，实时、准确、高效的综合交通运输管理系统。具有以下两个特点：一是着眼于交通信息的广泛应用与服务；二是着眼于提高既有交通设施的运行效率。

7.2.1 FSUTMS 模型介绍

FSUTMS（Florida Standard Urban Transportation Model Structure）是佛罗里达州标准城市交通模型，目前被 26 个佛罗里达州城市规划组织、交通部门以及其他一些规划机构使用，主要用于美国佛罗里达州交通需求的长期规划，由美国 Citilab 公司开发的 Cube Voyager 软件实现。FSUTMS 在佛罗里达州的应用主要分为几个区域：西北区、州府区、坦帕海岸区、中佛罗里达区、金银岛海岸、东南区（图 7.2）。

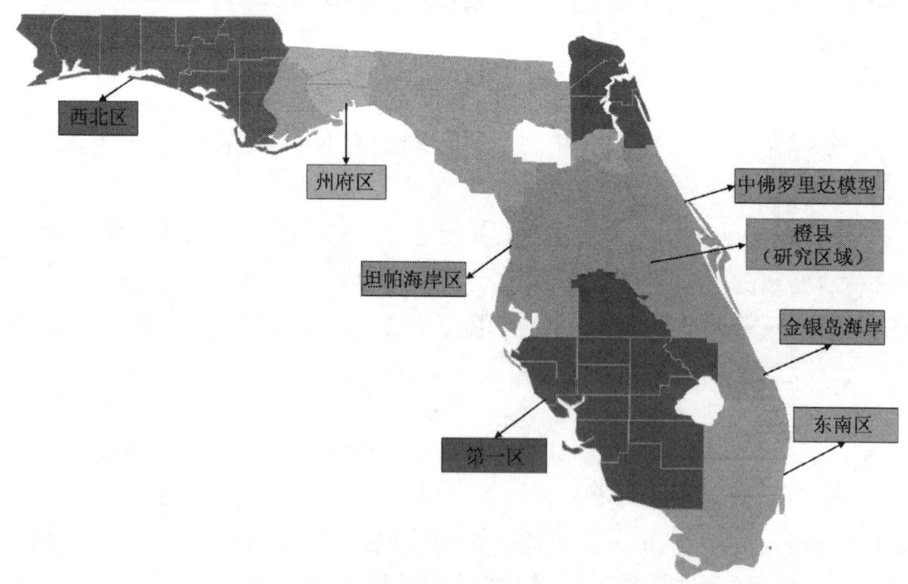

图 7.2　美国佛罗里达州交通需求模型分区示意图

Cube 是一套能与地理信息系统软件 ArcGIS 直接衔接的交通模拟与规划软件系

统。Cube 软件系列产品包括 Cube Voyager，Cube Cargo，Cube Dynasim，Cube Land，Cube Polar。其中，Cube Voyager 是一套综合全面的宏观交通规划软件，用于交通的长期规划及多交通模式的网络流量预测；Cube Cargo 专为货运预测设计开发，用于海、空、铁路、公路货运及运货卡车等流量预测；Cube Dynasim 为交通微观仿真软件；Cube Polar 主要用于分析交通系统中汽车车辆及燃料对空气质量的影响。

Cube Voyager 能够为用户提供一个灵活的工具以进行交通规划分析。其主要特点有：适合大规模的交通系统分析，最大 TAZ 数可达 32000，能允许最大节点数、道路路段数可达 999999；矩阵工具功能强大、灵活；可进行多模式交通网络分析。Cube Voyager 交通生成采用交叉分类方法，针对每一个 TAZ，基于社会经济属性分类表和生成等式，土地利用模型输出的数据以及其他相关社会经济属性，转换成基于出行者不同目的出行和交通方式选择，Cube Voyager 常采用 Logit 离散选择模型。

7.2.2 佛罗里达州交通模型介绍[①]

传统交通规划模型包括四阶段：交通生成、交通分布、方式选择和交通分配。交通生成中每一个交通分析小区（TAZ）的出行量及其类型，通过一个 TAZ 到另一个 TAZ 的阻抗矩阵（时间、距离、花费）得到。在交通分布中，计算得到每个小区的交通吸引量。基于各交通方式的相关费用、可用性及个人偏好等，交通方式选择将出行细分到各方式上，如小汽车、公共交通、自行车等。在交通分配中，通过用户均衡（Wardrop’s equilibrium）理论，任何出行者不能通过其他路径而减少其出行费用，也就是说每一条被使用的路径都是最优的,之后将各方式的出行量加载到整个交通网络。如何使得规划能考虑未来的交通需求，预测交通形态和土地利用变化是交通系统规划目前的核心目标之一。

佛罗里达州中部区域规划模型 CFRPM，也是基于传统四阶段的模型，其主要模块包括交通生成模块、道路网络模块、交通分布模块、公交系统模块、方式选择模块，以及公交、道路交通分配模块。

1. 外部输入模块

Cube Voyager 交通生成分为内部出行和外部出行两种。内部出行是指出行始点和终点都在研究区域内部。而外部出行指起点和终点中至少有一个在研究区域外部的出行。外部出行分析是 Cube Voyager 模型的第一步，与内部交通生成结果一起作为交通分布结果，详见图 7.3 中“External 模块”。

外部出行是指出行的起始点和终止点中，至少有一个在研究区域的外部，且出行经过研究区域。在进行外部出行分析时，起点和终点都在外部的出行（EE），但出行经过研究区域，这类外部出行（EE）将转化为研究区域上出行经过的两个边界上节点的出行；而起点和终点有一个在研究区域外部的出行，则出行的起点、终点将包括一边界点和一内部节点。

---

① 本小节部分内容由作者在美国学习期间根据 CFRPM 说明文档共同整理完成。

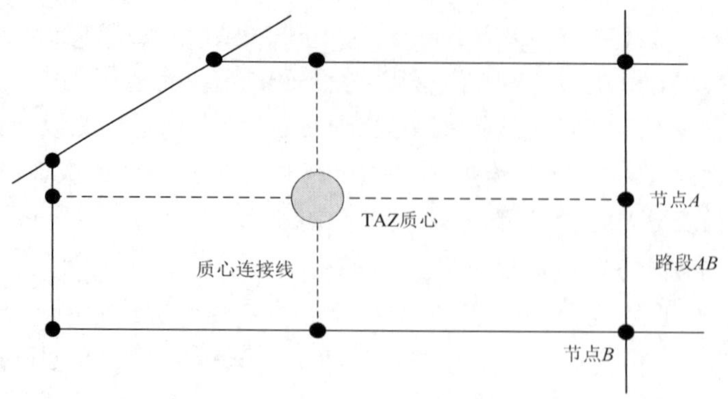

图 7.3　单 TAZ 的交通网络示意图

2. 交通生成模块

交通生成包括交通出行产生与吸引两部分。决定交通生成的因素主要有土地利用、人口与就业空间布局、社会经济属性、出行频率等。传统的交通生成方法主要有交叉分类法、回归分析和离散选择法。Cube Voyager 交通生成采用交叉分类方法，针对每一个 TAZ，基于社会经济属性分类表和生成等式，土地利用模型输出的数据以及其他相关社会经济属性转换成基于出行者不同目的出行。模型考虑的出行目的主要包括家庭—工作出行、家庭—购物出行、家庭—社交出行、家庭—其他出行以及非家庭类出行。交通生成通过交叉分类表和出行率，计算不同出行目的下的交通产生量和吸引量。

CFRPM 交通生成的输入数据包括五个文件：四个基于 TAZ 的 DBF 文件以及出行率相关数据。TAZ 输入数据 1 为住宅用地居民的社会经济属性，包括每个小区的不同家庭类型的数量、人口数、汽车拥有比例等。TAZ 输入数据 2 为就业用地及就业部门相关属性，包括每个小区的工业类、商业、服务类就业数、学校入学人数等。TAZ 输入数据 3 为一些特殊的交通产生数据，如在不同季节时期的旅游出行数据、机场出行数据等。TAZ 输入数据 4 为区域外部交通生成出行量数据。

可以看出，TAZ 输入数据 1、2 都可通过土地利用动态模型随着时间更新，也是一体化模型中的关键数据。将土地利用输出数据集成到 Cube 的交通生成的 TAZ 输入数据 1 和 2 中，通过中佛罗里达模型的交通生成、交通分布、方式选择、交通分配等环节，运行得到新的交通费用与可达性等指标，再反馈到土地利用该模型中，从而实现构建一体化模型。

3. 道路网络

道路交通网络由各种交通节点与连接节点的交通线路组成。图 7.3 为 TAZ 的示意图。每一个 TAZ 都含有一个质心、多个道路节点以及连接两节点的公路路段。公共交通网络图则主要由公交线路和公交节点组成，其中，站点通过节点表示，通常分为经停站点和路过站点。路网输入数据包括了基础路网文件、速度容积率文件、收费公路数据、车站、停车场、最高限速等数据。

图 7.4 显示了佛罗里达模型中的道路交通网络图。可以看出，研究区域橙县的路

网发达，密度高。本研究通过对比土地利用交通一体化模型与单交通模型的交通网络运营情况，以分析土地利用交通一体化前后的区别。

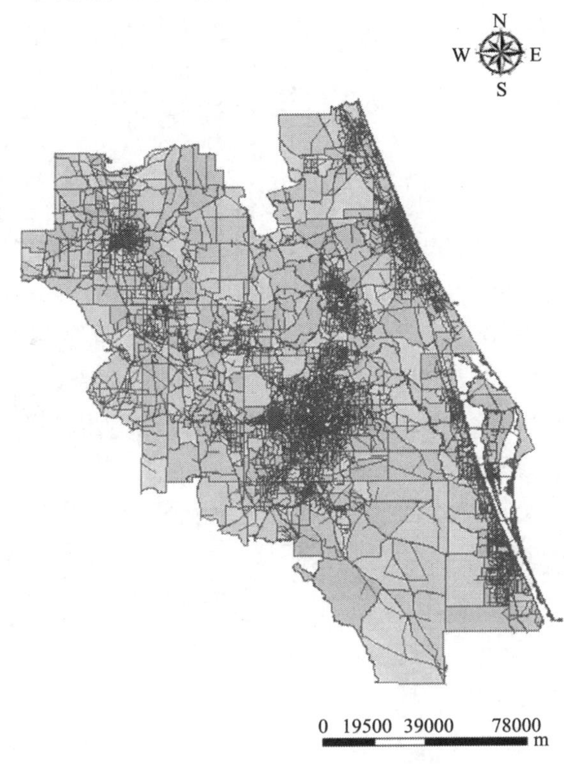

图 7.4 佛罗里达州交通路网图

公共交通网络中储存着完备的车道及道宽数据、车辆行驶速度数据、节点间的距离和时间数据、收费路段数据等。在公交网络图中还有公交站点和路线信息、票价数据等。这些数据是后面的交通分布和交通分配的重要指标。

4. 交通分布

交通分布的目的是确定各个 TAZ 之间的出行交换量，得出基于 TAZ 的 OD 矩阵。它与交通区域的出行增长趋势、出行阻抗等因素有关。在 Cube 模型中，交通分布主要是基于可达性以及与 TAZ 相关的活动水平来确定。每一个 TAZ 的交通产生将按照 TAZ 间距离和其他 TAZ 的吸引力，分布在其他 TAZ 上。TAZ 间距离越近，两者间的交换量越多；TAZ 自身的吸引力越大，它和其他 TAZ 的交换量也就更多。例如，大型购物中心往往与其他 TAZ 的交换量较多。交通分布的常用模型为重力模型，其数学表达式如下：

$$Q_{ij} = P_i \cdot \frac{A_j F_{tij} K_{ij}}{\sum_{i=1}^{n}(A_j F_{tij} K_{ij})} \tag{7.1}$$

式中，P_i 为 TAZ i 的总的出行产生量；Q_{ij} 表示从 TAZ i 到 TAZ j 的总出行量；F_{tij} 为 TAZ i 和 TAZ j 间的时间或距离阻抗；K_{ij} 为两个 TAZ 间的调整因子；A_j 为 TAZ j 的总的吸引量。OD 间出行量矩阵表，表示 TAZ 间的出行量，可以通过交通分布重力模型结果得到。

5. 方式选择模块

交通方式选择模块结果是输出出行者选择某种交通方式的比例，即交通方式分担率，从而得各交通方式的出行量。交通方式分担率通常由各种运输方式在时间、价格等费用上的差异以及出行者对不同交通方式的偏好所决定。在美国，汽车出行和公共交通出行为常用的出行方式，自行车和步行出行量较少。而在我国，自行车出行仍然是很多城市、乡镇的主要出行交通工具之一，步行出行量也极多。这一明显不同于国外的混合交通、机非干扰的交通特点，导致了我国交通不能直接、单纯地引进国外先进技术，这也是我国交通发展的一大瓶颈。

Cube Voyager 中，交通方式选择常采用 Logit 离散选择模型。Cube 模型中，采用了多层巢式 Logit 模型进行方式选择，如图 7.5 所示。先将出行方式分为公交出行和小汽车出行两大类。

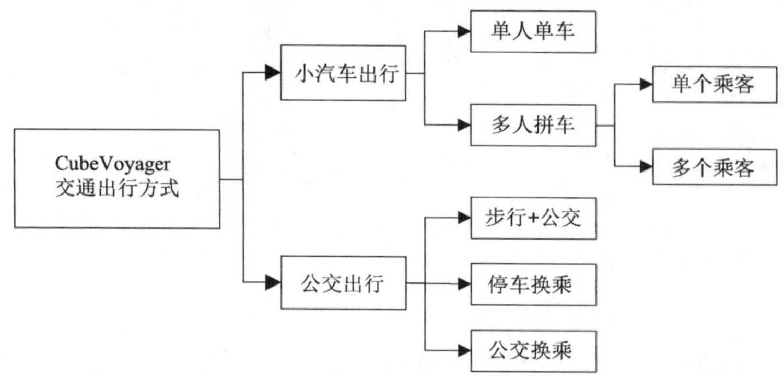

图 7.5　巢式 Logit 交通方式选择模型分层图

在公交出行中，包括步行搭乘、停车换乘、公交换乘三种。小汽车出行包括单人单车和多人拼车。多人拼车中，根据人数不同，其费用分担也不同，又可以分为一个乘客和多个乘客。

Logit交通方式选择模型结果是输出不同出行目的多OD对间的不同交通方式的交通出行量，其数学表达式可表述为

$$P_{rs}^k = \frac{\exp\{-\beta c_{rs}^k\}}{\sum_{k\in K}\exp\{-\beta c_{rs}^k\}} \tag{7.2}$$

式中，β 为参数；P_{rs}^k 为出行者在 OD 对 r，s 间选择第 k 种方式出行的分担率。则在 OD 对 r，s 间选择第 k 种交通方式出行的交通量为

$$q_{rs}^k = P_{rs}^k \cdot q_{rs} \tag{7.3}$$

式中，P_{rs}^k为第 k 种交通方式的分担率；q_{rs}为 OD 对 r，s 间总的交通量；q_{rs}^k为所有选择第 k 种交通方式的出行量。

6. 交通分配

交通分配是将交通分布结果——OD 矩阵的交通需求量，按照出行者路径选择行为，加载到路网的各条道路上，以推测各道路上的交通流量。

交通分配根据阻抗函数的不同，可分为静态和动态交通分配。静态交通分配中，OD 间阻抗函数是已知确定的，不考虑其随时间的变化；而动态交通分配中，阻抗函数为随机变量，与时间和流量相关。长期的交通规划中常采用静态交通分配，而动态交通分配常用于描述交通流在道路网中的运行形态，可以为交通诱导、实时的交通道路网络状态等提供技术支持。Cube 采用的是静态交通分配，属于交通规划的宏观交通软件。

出行者遵循的行为原则是交通分配的关键。目前主要包括确定型用户均衡和随机用户均衡。确定型用户均衡假设所有出行者了解全部交通网络的状况，且能够正确地计算出行成本。随机用户均衡模型，采用随机数来取代确定值，允许出行者预期的出行时间有一定误差，常假设服从 Gumble 分布和正态分布等。随机用户均衡模型的假设更符合实际出行特征，但其计算也更为复杂。而 Cube 模型采用确定型的用户均衡方法。

7. 佛罗里达交通模型主要输出结果

CFRPM 的输出结果主要包括以矩阵形式存储的 TAZ 间的交通出行量、交通分配后的路网交通流量、TAZ 间的出行时间和费用、拥堵路段信息等。其中，交通分配后得到的基于 TAZ 的出行时间和费用以及路网交通 skim 文件，将输入到土地利用模型 LandSys 中，以更新土地利用模型的交通时间、费用和可达性指标。

7.3 LandSys-FSUTMS 土地利用交通一体化模型

7.3.1 模型框架

将 LandSys 土地利用模型与中佛罗里达交通规划模型相结合，可以构建佛罗里达州橙县的土地利用交通一体化平台，其框架图如图 7.6 所示。

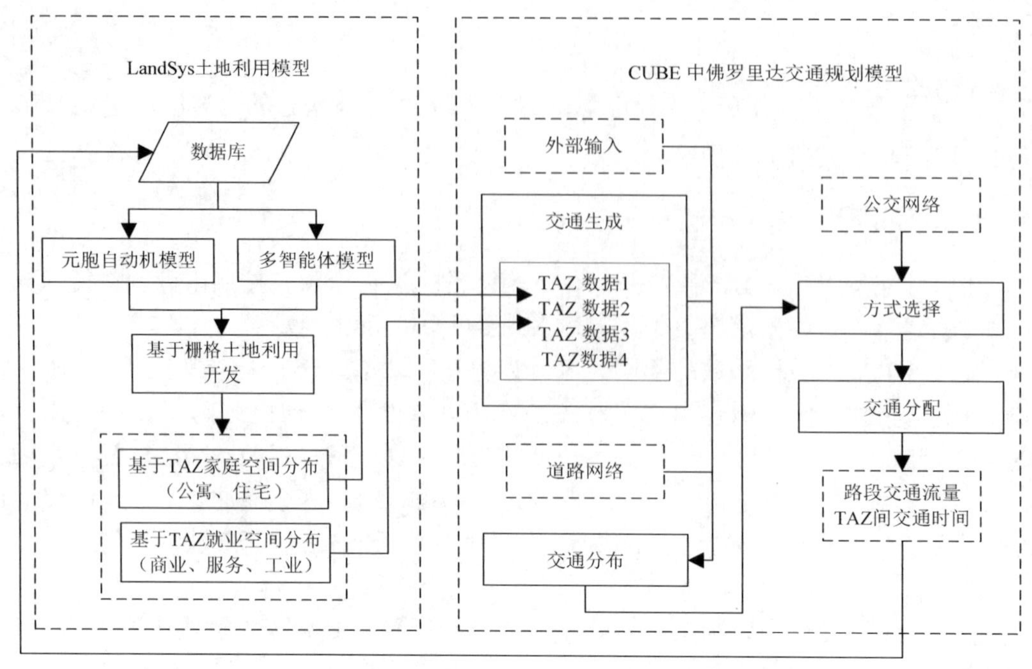

图 7.6 LandSys-FSUTMS 土地利用交通一体化模型框架图

土地利用模型 LandSys 可以产生基于 TAZ 的家庭、就业分配结果，将链接更新中佛罗里达交通模型的交通生成模块中 TAZ 输入数据 1、2。在新的土地利用空间数据下，交通模型产生的路段交通流量和 TAZ 间的交通可达性指标将作为土地利用模型数据库的重要输入。两模型间的连接也阐述了土地利用与交通的关系：由于土地利用的空间分布异构性，导致了交通生成的产生与变化，而 TAZ 间的交通费用与可达性直接影响到其土地利用开发的结果。

一个全面的土地利用交通一体化模型，能够较好地表现土地利用与交通之间的相互关系，便于规划者、政策制定者操作分析。图 7.7 显示了常用的土地利用交通一体化模型及其相关政策分析框架图。交通系统相关政策制定、信息变化，如网络新建与扩充、新增交通方式将通过更新 FSUTMS 的输入数据，融合到交通模型中，以得到新的路网信息。人口统计数据、区域经济数据、土地利用相关政策、政府小区规划偏好也可融合到土地利用模型的输入，根据一体化模型结果分析相应政策和数据。不同的土地利用发展政策、交通政策、交通规划项目以及其他相关规划策略，可以通过修改交通、土地利用输入，集成到一体化模型，通过模型运行测试对将来交通系统和土地利用系统的影响。整个区域的环境评价、成本效益分析以及空气质量等都可以基于土地利用交通一体化模型进行分析。

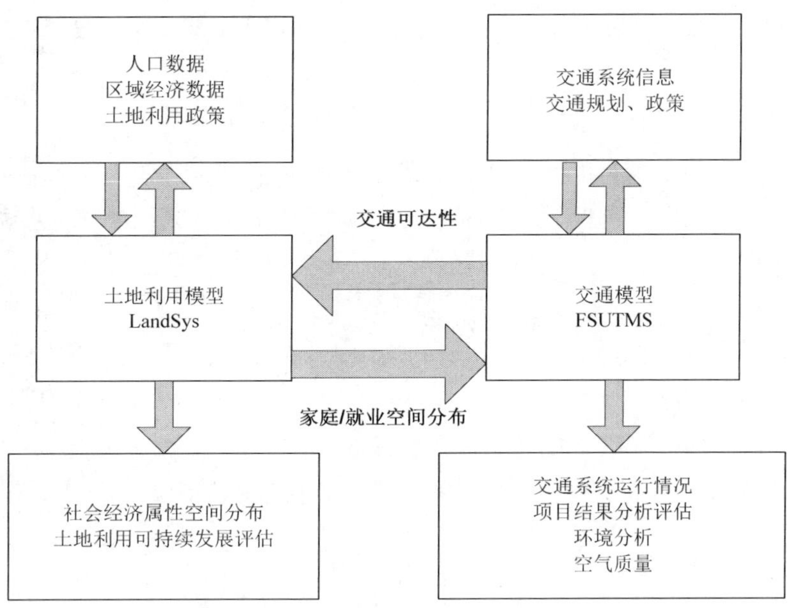

图 7.7 LandSys-FSUTMS 土地利用交通一体化模型相关政策分析图

7.3.2 模型间 TAZ 与栅格转换联系

LandSys 土地利用模型，是基于 50m×50m 的栅格范围描述土地利用开发和家庭、就业分配，而佛罗里达交通模型则是基于 TAZ 范围进行。将两模型一体化时，必须考虑到 TAZ 与栅格之间的转换。由图 7.7 可以看出，在土地利用模型生成的基于栅格的橙县区域内，家庭、就业的空间分布量将聚集到 TAZ 范围，再更新佛罗里达交通模型中橙县地区的交通生成 TAZ，输入数据 1 和 2。而交通模型生成的路段分配流量以及 TAZ 间的可达性，将转换到基于栅格范围，作为土地利用模型输入数据。

土地利用模型分配到栅格元胞 i 的 h 类家庭/就业数 N_{hi}，聚集到 TAZ r 的表达式为

$$\sum_{i}\delta_{ir}N_{hi}=N_{hr} \qquad (7.4)$$

式中，δ_{ir} 表示栅格元胞 i 和 TAZ r 的从属关系变量，即若 $i\in r$，则 $\delta_{ir}=1$，否则 $\delta_{ir}=0$。数据处理过程主要有：首先采用 ArcGIS 将橙县 TAZ 的 shape 文件，按照 TAZ 号转换成栅格数据，然后在 Matlab 程序中，按照 TAZ 号寻找该 TAZ 对应的栅格位置（横坐标、纵坐标表示），然后将这些栅格对应的家庭、就业分配量求和即可。土地利用模型产生的橙县数据，在作为佛罗里达交通模型输入时，可通过 ArcGIS 软件替换 DBF 数据实现。

通过佛罗里达交通网络模型可得到路段交通量和 TAZ 间的行程时间。基于 TAZ 的交通时间 t_{rs}（从 TAZ r 到 TAZ s 的行程时间）通过以下步骤，转换为土地利用模型的输入。

对于元胞 i 中的 h 类家庭而言，选择元胞 j 作为出行目的为 p 的终止点的效用包括两部分：① t_{rs} $(i\in r, j\in s)$ 为从元胞 i 到 j 的交通时间，通过交通模型和栅格——TAZ

的从属关系决定；②ψ_{sp} 表示元胞 j 的吸引度，可通过下式定义：

$$A_{hi}^{jp}(t) = -t_{rs} \cdot (1-\psi_{sp}) \ \ (i \in r, j \in s) \tag{7.5}$$

假设元胞 j 作为出行目的 p 的终止点的吸引度 ψ_{jp}，可定义为

$$\psi_{sp} = \frac{E_{ps}}{\sum_s E_{ps}} \tag{7.6}$$

式中，E_{ps} 为小区 s 中对应出行目的为 p 的用地上分布的就业数量，该值可以通过佛罗里达交通模型输入得到。

假设效用函数 A_{hi}^{jp} 服从参数为 ϕ 的 IID Gumbel 分布，Pr_{hi}^{jp} 为元胞 i 中的 h 类家庭选择元胞 j 作为目的为 p 的终止点的概率，则 Pr_{hi}^{jp} 可表示为

$$\mathrm{Pr}_{hi}^{jp} = \frac{\exp(\phi \cdot A_{hi}^{jp}(t))}{\sum\limits_{j \in \Omega_p} \sum\limits_{k} \exp(\phi \cdot A_{hi}^{jp}(t))} \tag{7.7}$$

当 h 类家庭选择元胞 i 作为住宅用地，到达 p 终止点的总费用 $\varphi_{hi}^{p}(t)$ 可表示为

$$\varphi_{hi}^{p}(t) = \sum_j \mathrm{Pr}_{hi}^{jp} \cdot A_{hi}^{jp}(t) \tag{7.8}$$

则 h 类家庭选择元胞 i 作为住宅用地的总交通费用可表示为

$$T_{hi} = \sum_p \varphi_{hi}^{p}(t) M_h^p \tag{7.9}$$

式中，M_h^p 为 h 类家庭出行目的为 p 的出行次数，可以通过家庭成员构成数据得到。例如，以上学为目的出行次数可通过家庭上学人数表示，而工作目的下的出行次数可通过家庭工作成员数得到。T_{hi} 也是家庭智能体模型的一个重要输入变量。

7.3.3 与其他模型比较

本小节从模型结构、子模型构成、房地产开发、政策分析等方面将 LandSys-FSUTMS 土地利用交通一体化模型与传统模型进行对比（表 7.1）。和其他模型相比，LandSys-FSUTMS 考虑了基于家庭、就业智能体的微观行为，且融入了土地、交通相关政策，并通过竞租理论描述土地利用市场的供需平衡。在描述土地利用变化时，采用 50m×50m 的栅格进行分析，精确度较高；在提供交通模型输入数据时，能够灵活地将栅格转换成 TAZ 范围。

表 7.1　LandSys-FSUTMS 模型与传统模型比较

特征	DRAM/EMPAL	MEPLAN	PECAS	UrbanSim	CUF-1/CUF-2	LandSys-FSUTMS
模型结构	Lowry 空间作用模型	空间输入输出模型	空间输入输出模型	离散选择模型	离散选择模型	离散选择模型
家庭位置选择行为	有	有	有	有	无	有
就业位置选择行为	有	有	有	有	无	有
房地产开发	有	有	有	有	有	有
地理学单位	集聚人口统计小区单位	TAZ	TAZ	栅格和块数据	栅格	栅格元胞-TAZ 转换
政策灵敏性分析	无	拥挤收费、区域规划等	土地利用政策	土地利用政策、拥挤收费、区域规划等	土地利用政策	土地利用政策、拥挤收费、区域规划、环境影响等
时空分析	每年	每年	每年	每年	每年	每年（用户自定义）
与交通模型相互作用	是	是	是	是	否	是
软件拥有权	商业私有	商业私有	开源	开源	N/A	开源

LandSys-FSUTMS 另一个重要特点是：通过研究区域以往数据可以自适应校正参数，因此，在针对不同城市进行一体化仿真时，该模型的可移植性强。用户只需将采集到的数据通过数据分析工具，模型参数将自主学习校正，就可以对该城市进行土地利用仿真。此外，在交通模型输入数据匹配的条件下，可以将 LandSys 与其他交通模型进行耦合，构建基于 FSUTMS 框架以外的一体化模型。

7.4　结 果 分 析

7.4.1　单交通模型和一体化模型交通网络运营结果比较

图 7.8 中两个子图分别显示了在单交通模型与一体化模型下，研究区域橙县在 2000 年的交通网络流量饱和度 GIS 分布图。图中将饱和度分为四个区间，分别是：0～0.5、0.5～0.8、0.8～1 和>1.2。

可以看出，饱和度高的路段，多数集中在研究区域中心，是因为中心地带土地利用开发强度高、交通网络密集。在研究区域周边地区，路段饱和度都偏低，原因是这些 TAZ 的交通出行量少。

表 7.2 列出了 2000 年、2012 年和 2025 年单交通模型和一体化模型的路段饱和度区间分布量情况。可以看出，随着人口增长，交通网络不断扩充以满足增长的交通需求。在针对 2000 年、2012 年和 2025 年的仿真结果中，单交通模型中饱和度在 0～0.5、

0.5～0.8 之间的路段数量明显比土地利用交通一体化模型少。而饱和度在区间 0.8～1.2 和>1.2 区间的路段数比例，一体化模型较低。也就是说，一体化模型能够降低路段的饱和度，有效缓解整个交通网络的拥挤情况。

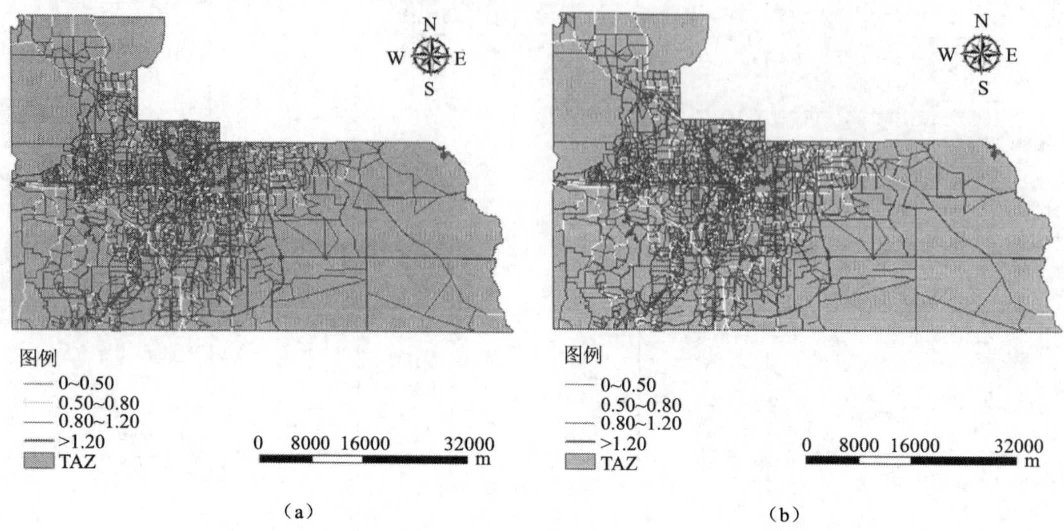

图 7.8 FSUTMS 和 LandSys-FSUTMS 下橙县交通网络流量饱和度分布图

（a）原始交通模型橙县交通网络流量饱和度分布图；

（b）一体化模型橙县交通网络流量饱和度分布图（VOLCAP 指路段饱和度）

表 7.2 单交通模型和一体化模型的路段饱和度在不同区间分布量比较

	2000 年		2012 年		2025 年	
总路段数	13862		14816		15372	
饱和度	单交通模型	一体化模型	单交通模型	一体化模型	单交通模型	一体化模型
[0,0.5)	6797	6910	6909	7015	5847	6029
[0.5,0.8)	2306	2394	2134	2514	1909	2101
[0.8,1.2)	3075	2943	3466	3392	3655	3815
>1.2	1684	1615	2310	1895	3961	3427

7.4.2 单土地利用模型与一体化模型空间分布结果比较

图 7.9 显示了 2012 年单土地利用模型和土地利用交通一体化模型下的基于 TAZ 的家庭和就业空间分布图。图中显示了一体化模型下 TAZ 家庭和就业分配量减去单土地利用模型下的 TAZ 家庭/就业分配量的结果。

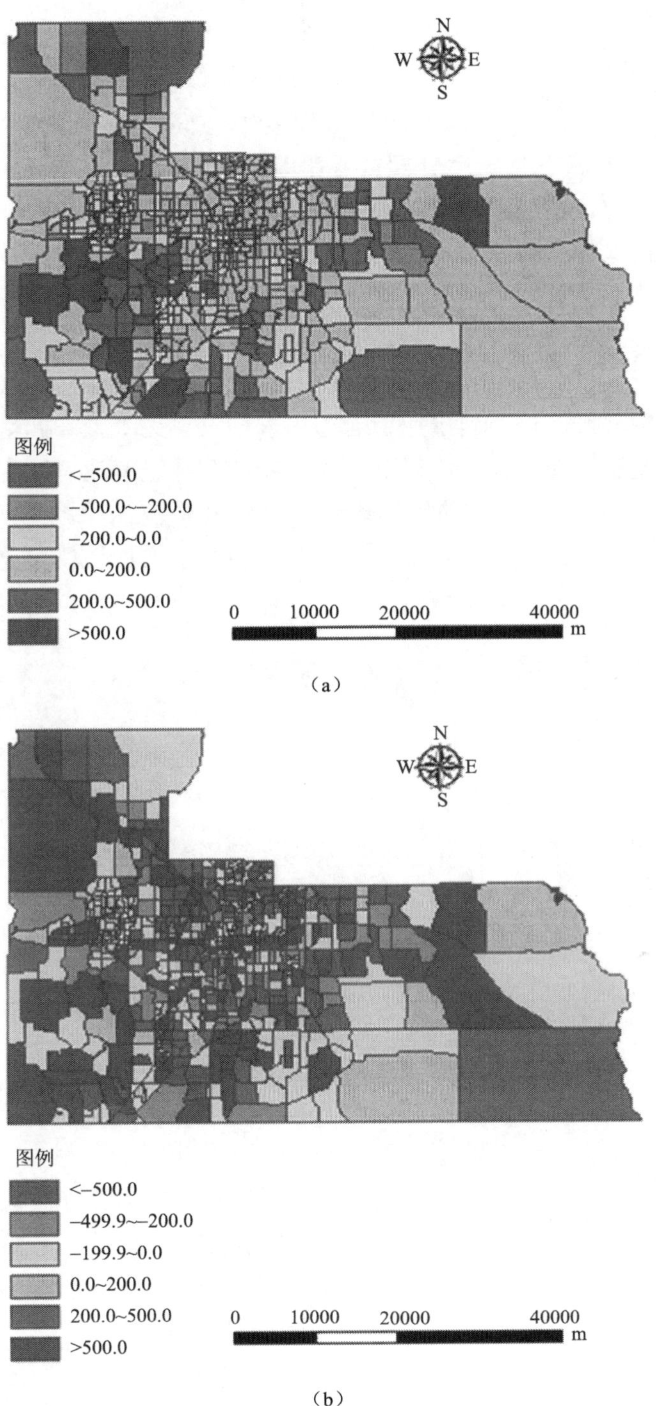

图 7.9　2000 年 LandSys-FSUTUMS 与 LandSys 模型基于 TAZ 的家庭和就业空间分布差异图

（a）家庭分配量差值 GIS 图；（b）就业分配量差值 GIS 图

可以看出，一体化模型中，研究区域中心的一些 TAZ 家庭分配量比单土地利用模型少。其原因是，一体化模型将新的交通费用和可达性作为输入，能避免分配到中心拥挤区域，有效地降低交通费用。基本上，外围的 TAZ 家庭分配量比单土地利用模型多。也就是说，在一体化模型中，更多的家庭分配在外围 TAZ，以避免城市中心区域的拥挤情况。在 2025 年的土地利用空间分布图中，该结果更为明显。

从就业分布图 7.9（b）中可以看出类似于家庭空间分布量的结果。基本上，一体化模型的研究区域外围 TAZ 家庭分配量要比单土地利用模型分配量多，在中心区域则多数偏低。也就是说，在一体化模型中，交通拥挤地段的就业分配量也随之减少，这也是由交通模型提供的更新的交通费用和可达性指标作为土地利用模型输入结果导致的。一体化模型能够从总体上调节家庭/就业的空间分布，避免交通拥挤。

7.4.3 交通环境指标对比

土地利用开发、城市化发展迅速、交通需求增长，必将带来拥堵、高能耗和高排放等问题。交通能源消耗也是造成局部环境污染和全球温室效应的主要来源之一。在我国，根据城市大气污染物来源的分类统计，已有 80%左右的污染物来源于汽车废气。其主要原因是由于城市汽车保有量增加，基于交通需求增加导致排放污染物总量增加过快。交通排放量计算方法如下：

$$E = \sum_{l,mv} Q_{l,mv} K_l \cdot r_{mv} \tag{7.10}$$

式中，l 为交通网络的路段；m 和 v 分别对应该路段的道路等级和行车速度；$Q_{l,mv}$ 为路段 l 分配的交通量，通过 Cube Voyager 的交通分配结果得出；K_l 为路段 l 的长度；r_{mv} 为对应道路等级为 m、行车速度为 v 下的排放因子。佛罗里达交通模型中，高速公路、一级公路和二级公路的 CO、HC 和 NO 排放因子见表 7.3。

表 7.3 中佛罗里达交通模型排放因子

行车速度	CO 排放因子/（g/（车·km））			HC 排放因子			NO 排放因子		
	高速公路	一级公路	二级公路	高速公路	一级公路	二级公路	高速公路	一级公路	二级公路
<20MPH	7.80	12.29	12.29	0.99	1.28	1.28	0.80	0.75	0.75
20～25	7.80	9.87	9.87	0.99	1.12	1.12	0.80	0.76	0.76
25～30	7.80	7.95	7.95	0.99	0.97	0.97	0.80	0.81	0.81
30～35	6.48	6.62	6.62	0.85	0.85	0.85	0.85	0.86	0.86
35～40	5.80	6.62	6.62	0.79	0.85	0.85	0.90	0.86	0.86
40～45	5.24	6.62	6.62	0.73	0.85	0.85	0.94	0.86	0.86
45～50	4.93	6.62	6.62	0.68	0.85	0.85	1.00	0.86	0.86
50～55	4.73	6.62	6.62	0.63	0.85	0.85	1.07	0.86	0.86
55～60	4.57	6.62	6.62	0.62	0.85	0.85	1.10	0.86	0.86
>60	4.57	6.62	6.62	0.59	0.85	0.85	1.12	0.86	0.86

值得说明的是，在佛罗里达交通模型中，排放因子只考虑公路等级和行车速度，没有考虑车型的影响。考虑区分汽油小汽车、轻型汽油客车、重型汽油客车、重型柴

油客车和摩托车等不同车型的排放量，能够使得预测结果更为合理准确。

本章通过对比单交通模型和一体化模型的交通排放量结果，分析土地利用一体化模型对环境的影响。从表 7.4 和表 7.5 中可以看出，2000～2025 年各环境排放量指标、燃料使用、车辆行驶里程数（VMT）、车辆行驶时间（VHT）呈增长趋势，这是由于橙县急增的人口导致城市扩张、交通需求与汽车保有量增加的结果。和单交通模型比较，一体化模型的各环境排放量指标偏低。2000 年一体化模型运行结果中，CO 排放量降低了 1.53%，而 2025 年降低了 5.62%。也就是说，从长期的角度看，一体化模型对减少环境排放量作用更为明显。一体化模型中，在 2000 年、2012 年和 2025 年间，燃料使用降低了 0.33%～3.32%，汽车行驶里程数也降低了 0.69%～3.52%，汽车行驶时间降低了 5.72%～6.45%。随着时间增加，各指标降低比例增加，一体化模型能够更为明显地改善交通环境。

表 7.4　佛罗里达橙县一体化模型与单交通模型的环境排放量

项目	2000 年		2012 年		2025 年	
	单交通模型	一体化模型	单交通模型	一体化模型	单交通模型	一体化模型
CO 排放量/kg	334823	329703	434007	416242	645049	608824
HC 排放量/kg	40748	40180	52471	50753	76124	72426
NO 排放量/kg	37263	37179	47561	46578	64174	62572
燃料使用/L	8975106	8945106	11440219	11171170	15626855	15108465
VMT	27595	27404	35335	34547	48811	47091
VHT	1044983	978818	1334495	1258126	2169366	2029379

表 7.5　一体化模型与单交通模型的环境排放量比较

项目	2000 年		2012 年		2025 年	
	降低量	降低百分比	降低量	降低百分比	降低量	降低百分比
CO 排放量/kg	5120	1.53	17765	4.09	36225	5.62
HC 排放量/kg	568	1.39	1718	3.27	3698	4.86
NO 排放量/kg	84	0.23	983	2.07	1602	2.50
燃料使用/L	29999	0.33	269048	2.35	518390	3.32
VMT	191	0.69	788	2.23	1720	3.52
VHT	66165	6.33	76369	5.72	139987	6.45

和单交通模型对比，一体化模型下每天的汽车排放量、燃料使用、汽车行驶里程数和总时间都略有降低。降低比例在 2000 年并不明显，在 2025 年预测结果中才较为理想。这可能与土地利用模型研究范围是橙县区域，而交通模型是针对整个佛罗里达地区有关。也就是说，该一体化模型在每次土地利用数据更新时，只模拟集成了橙县地区的土地利用变化，而未考虑佛罗里达州其他地区的土地利用情况，这在一定程度上也会影响模型的运行结果。总之，从长期规划角度看，现有的模型结果表明一体化

模型对降低交通排放量、减少交通网络汽车总里程数和时间数等指标有一定作用，从而进一步提高城市空气质量，改善交通环境。

7.5 本章小结

本章基于 MNL-CA-Agent 土地利用模型，构建了 LandSys 土地利用仿真软件。通过对佛罗里达交通模型详细阐述，提出了基于 LandSys 土地利用模型与佛罗里达模型的一体化框架，并分析比较了一体化模型与单交通模型、单土地利用模型的结果。交通网络结果表明，在单交通模型中，饱和度低的路段数量明显比一体化模型要少。而饱和度高的路段数则比一体化模型高，说明一体化模型能够降低交通网络路段的饱和度，有效缓解整个交通网络的拥挤情况。

土地利用空间分布结果中，一体化模型的研究区域中心地带，多数 TAZ 家庭分配量比单土地利用模型要少。将新的交通费用和可达性作为输入，一体化模型能够调节家庭、就业的空间分布，避免分配到中心拥挤区域，能够有效地减少交通费用。此外，本章通过计算比较土地利用交通一体化前后的 CO、HC 和 NO 排放量，分析交通、土地利用与环境之间的关系。定量结果表明，从长期规划角度看，一体化模型能够有效降低各交通排放量指标，对改善空气质量和环境污染产生一定作用。

参 考 文 献

承向军. 2002. 基于多智能体技术的城市交通控制系统的探讨. 北方交通大学学报, 26(5): 47-50.

范炳全, 张燕萍. 1993. 城市土地利用和交通综合规划研究的进展. 系统工程, 11(2): 1-5.

郭琳. 2004. 天津城市土地利用与交通可持续发展对策研究. 天津师范大学学报(自然科学版), 24(3): 18-21.

季民河. 2009. 基于多代理模型的城市土地利用博弈模拟. 地理研究, 28(1):85-96.

康琪雪. 2008. 西方竞租理论发展过程与最新拓展.经济经纬, (06):12-14.

李铁柱, 王炜, 李修刚. 2005. 城市交通规划中机动车空气污染影响分析技术及其应用.交通运输系统工程与信息, (02): 90-96.

刘小平. 2006a. 基于多智能体的土地利用模拟与规划模型. 地理学报, 61(10):1101-1112.

刘小平. 2006b. 基于多智能体系统的空间决策行为及土地利用格局演变的模拟. 中国科学 D 辑, 36(11):1027-1036.

陆化普. 2006. 城市土地利用与交通系统的一体化规划. 清华大学学报（自然科学版）, 46(9):1499-1504.

毛蒋兴. 2004. 国外城市交通系统与土地利用互动关系研究. 城市规划, 28(7):64-69.

邵德华. 2002. 试论城市轨道交通对土地空间的利用. 经济前沿, (04):21-23.

石磊. 2009. 应用居民出行状况估算北京市机动车污染排放量. 北京工商大学学报（自然科学版）, 27(2):1-3.

闫小培. 2006. 巨型城市区域土地利用变化的人文因素分析——以珠江三角洲地区为例.地理学报, 61(6):613-623.

杨励雅. 2005. 城市交通、土地利用及环境协调关系的灰色模型研究. 可持续发展的交通——2005 年全国博士生学术论坛——交通运输工程学科论文集. 北京：国务院学位委员会、教育部学位管理与研究生教育司.

杨明. 2002. 城市土地利用与交通需求相关关系模型研究. 公路交通科技, 19(1):72-75.

杨吾扬. 1994. 北京零售商业与服务中心网点的过去、现在和未来. 地理学报, 1: 9-15.

于跃, 唐夕茹, 原方方. 2011. 不同交通拥堵等级的北京市机动车尾气排放研究. 交通标准化, (19): 156-159.

周素红. 2005. 西方交通需求与土地利用关系相关模型. 城市交通, 3(3):64-68.

Abraham J, Hunt J. 1999. Policy Analysis Using the Sacramento MEPLAN Land Use-Transportation Interaction Model. Transportation Research Record: Journal of the Transportation Research Board, 1685(-1): 199-208.

Abraham J E, Hunt J D. 2003. Design and Application of the PECAS Land Use Modeling System.University of California, Davis, Institute of Transportation Studies.

Al-Ahmadi K, See L, Heppenstall A, et al. 2009. Calibration of a fuzzy cellular automata model of urban dynamics in Saudi Arabia.Ecological Complexity, 6(2): 80-101.

Alexopoulos A, Assimacopoulos D, Mitsoulis E.1993. Model for traffic emissions estimation.Atmospheric Environment. Part B. Urban Atmosphere, 27(4): 435-446.

Almeida C M, Gleriani J M, Castejon E F, et al. 2008. Using neural networks and cellular automata for modelling intra-urban land-use dynamics.International Journal of Geographical Information Science, 22(9): 943 - 963.

Anderson W P, Kanaroglou P S, Miller E R J. 1996. Urban Form, Energy and the Environment: A Review of Issues, Evidence and Policy.Urban Studies, 33(1): 7-35.

Badoe D A, Miller E J. 2000. Transportation-land-use interaction: empirical findings in North America, and their implications for modeling.Transportation Research Part D, 5(4): 235-263.

Bajpai J N. 1990. Forecasting the Basic Inputs to Transportation Planning at the Zonal Level. Washington D C, Transportation Research Board, National Research Council.

Batty M, Xie Y C. 1994. From cell to cities. Environment and Planning B Planning and Design, 21(7): 31-48.

Batty M, Xie Y, Sun Z. 1999. Modeling urban dynamics through GIS-based cellular automata.Computers, Environment and Urban Systems, 23(3): 205-233.

Beckmann M J, McGuire C B, Winsten C B. 1956. Studies in the Economics of Transportation. New Haven: Yale University Press.

Bishop C M. 1995. Neural Networks for Pattern Recognition. New York: Oxford University Press.

Boarnet M, Crane R. 2001. The influence of land use on travel behavior: specification and estimation strategies.Transportation Research Part A, 35(9): 823-845.

Bone C, Dragicevic S. 1964. Sensitivity of a Fuzzy-Constrained Cellular Automata Model of Forest Insect Infestation, Citeseer.

Borrego C, Martins H, Tchepel O, et al. 2006. Urban compaction or dispersion. An air quality modelling study, 54(0): 13.

Bourne L S. 1982. Urban Spatial Structure : An Introductory Essay on Concepts and Criteria. New York: Oxford University Press.

Briceño L, Cominetti R, Cortés C E, et al. 2008. An integrated behavioral model of land use and transport system: a hyper-network Equilibrium Approach. Networks and Spatial Economics, 8(2): 201-224.

Casas I. 2009. Neural networks. In: Rob K, Nigel T. International Encyclopedia of Human Geography. Oxford: Elsevier.

Chang J S. 2007. Multiclass bid-rent network equilibrium model. Transportation Research Record(2003), 112-119.

Chang J S, Mackett R L. 2006. A bi-level model of the relationship between transport and residential location.Transportation Research Part B, 40(2): 123-146.

Clarke K C, Gaydos L J. 1998. Loose-coupling a cellular automaton model and GIS: long-term urban growth prediction for San Francisco and Washington/Baltimore. Int J Geogr Inf Sci, 12(7): 699-714.

Clarke K C, Hoppen S, Gaydos L J. 1996. Methods and Techniques for Rigorous Calibration of A Cellular Automaton Model of Urban Growth. The Third international Conference/ Workshop on Integrating GIS and Environmental Modeling, Santa Fe, New Mexico.

Clay M. 2008. Nonlinear, Secondary Impacts of Large Urban-Edge Developments as Evidence of Path Dependency in an Integrated Land Use and Transportation Model. Transportation Research Record: Journal of the Transportation Research Board, 2076(-1): 151-160.

Daganzo C F. 1998. Queue spillovers in transportation networks with a route choice.Transportation Science, 32(1): 3-11.

de Barra T L, Rez B P, Vera N. 1984. TRANUS-J: putting large models into small computers.Environment and Planning B: Planning and Design, 11(1): 87-101.

Dieleman F M, Dijst M, Burghouwt G. 2002. Urban form and travel behaviour: micro-level household attributes and residential context. Urban Studies, 39(3): 507-527.

Dowling R, Ireson R, Skabardonis A, et al. 2000. Predicting Short-term and Long-term Air Quality Effects of Traffic flow Improvement Projects. Washington D C: Transportation Research Board, National Research Coucil.

Engel-Cox J A, Hoff R M. 2005. Science–policy data compact: use of environmental monitoring data for air quality policy. Environmental Science & Policy, 8(2): 115-131.

Evans T P, Kelley H. 2004. Multi-scale analysis of a household level agent-based model of landcover change. Journal of Environmental Management,72(1-2): 57-72.

FGDL. 2009. Florida Geographic Data Library. http://www.fgdl.org/[2011-01-03].

Hamdouch Y, Florian M, Hearn D W, et al. 2007. Congestion pricing for multi-modal transportation systems. Transportation Research Part B-Methodological, 41(3): 275-291.

Hunt J D. 1993. A Description of the MEPLAN Framework for Land Use and Transport Interaction Modeling. Washington D C: The 73rd Annual Transportation Research Board Meetings.

Hunt J D. 1994. Calibrating the Naples Land Use and Transport Model. University of Calgary.

Hunt J D, Simmonds D C. 1993. Theory and application of an integrated land-use and transport modelling framework.Environment and Planning B: Planning and Design, 20(2): 221-244.

Iacono M, Levinson D, El-Geneidy A. 2008. Models of transportation and land use change: a guide to the territory.Journal of Planning Literature, 22(4): 323-340.

Jenerette G D, Wu J. 2001. Analysis and simulation of land-use change in the central Arizona-Phoenix region, USA. Landscape Ecology, 16: 611-626.

Jia W, Jiang L Y, Li H P, et al. 2009. Genetic algorithm for band gap optimization under light line in two-dimensional photonic crystal slab.Optica Applicata, 39(3): 481-488.

Kain J F. 1987. Computer simulation models of urban location. Handbook of Regional and Urban Economics.Elsevier, 2: 847-875.

Kajita Y, Toi S, Tatsum H. 2005. Prediction of Land use change in urbanization control districts using neural network-A Case Study of Regional Hub City in Japan. ERSA conference papers.

Kitamura R, Pas E I, Lula C V, et al. 1996. The sequenced activity mobility simulator (SAMS): an integrated approach to modeling transportation, land use and air quality.Transportation, 23(3): 267-291.

Kockelman K M, Jin L, Zhao Y, et al. 2005. Tracking land use, transport, and industrial production using random-utility-based multiregional input-output models: applications for Texas trade.Journal of Transport Geography, 13(3): 275-286.

Lambin E F, Geist H. 2006. Land-use and land-cover change: local processes and global impacts, Springer.

Lee G S, You S G, Ritchie J D, et al. 2012. Assessing air quality and health benefits of the Clean Truck Program in the Alameda corridor, CA. Transportation Research Part A: Policy and Practice, 46(8): 1177-1193.

Lein J K. 2009. Implementing remote sensing strategies to support environmental compliance assessment: a neural network application.Environmental Science & Policy, 12(7): 948-958.

Lek S, Guégan J F. 1999. Artificial neural networks as a tool in ecological modelling, an introduction.Ecological Modelling, 120(2-3): 65-73.

Li X, Yang Q, Liu X. 2008. Discovering and evaluating urban signatures for simulating compact development using cellular automata.Landscape and Urban Planning, 86(2): 177-186.

Li X A, Yeh G O. 2002. Neural-network-based cellular automata for simulating multiple land use changes using GIS. International Journal of Geographical Information Science, 16(4): 323-343.

Lowry I S. 1964. A Model of Metropolis, Rand Corporation. Santa Monica, California, Rand Corporation.

Mackett R L. 1979. A model of Relationships between Transport and Land use.University of Leeds.

Mackett R L.1990.Comparative analysis of modelling land-use transport interaction at the micro and macro levels. Environment and Planning A, 22(4): 459-475.

Mackett R L. 1994. Transport and urban development: policies and models. Proceedings of PTRC 22nd European Transport Forum: Transportation Planning Methods. University of Warwick, UK.

Mann S, Benwell G L. 1996. The integration of ecological, neural and spatial modelling for monitoring and prediction for semi-arid landscapes.Computers & Geosciences, 22(9):1003-1012.

Mann W. 1995. Land Use/Transportation Integrated Model. The 74th Annual Meeting of the Transportation Research Board. Washington D C: National Research Council.

Manson S M. 2000. Agent-based dynamic spatial simulation of land-use/cover change in the Yucatán peninsula. Mexico. the Fourth International Conference on Integrating GIS and Environmental Modeling (GIS/EM4). Banff, Canada.

Martinez F. 1996. MUSSA: land use model for Santiago City.Transportation Research Record: Journal of the Transportation Research Board,1552(1): 126-134.

Martinez F. 2007. MUSSA II: A Land Use Equilibrium Model Based on Constrained Idiosyncratic Behavior of All Agents in an Auction Market. Washington DC: Transportation Research Board 86th Annual Meeting.

Martinez F J. 1992. The bid-choice land-use model: an integrated economic framework.Environment and Planning A, 24(6): 871.

Martins H, Miranda A, Borrego C. 2012. Urban Structure and Air Quality.

Mas J F, Puig H, Palacio J L, et al. 2004. Modelling deforestation using GIS and artificial neural networks.Environmental Modelling & Software, 19(5): 461-471.

Matthews R, Gilbert N, Roach A, et al. 2007. Agent-based land-use models: a review of applications. Landscape Ecology, 22(10): 1447-1459.

Miller E J, Kriger D S, Hunt J D. 1998. TCRP web document 9: integrated urban models for simulation of transit and land-use policces-final report. University of Toronto Joint Program in Transportatin and DELCAN Corporation, Toronto.

Miller E J, Kriger D S, Hunt J D. 1999. Integrated Urban Models for Simulation of Transit and Land Use Policies: Guidelines for Implementation and Use. Landscape Ecology, 23: 195-210.

Moreno N, Ménard A, Marceau D J. 2008. VecGCA: a vector-based geographic cellular automata model allowing geometric transformations of objects. Environment and Planning B: Planning and Design, 35(4): 647-665.

Munroe D K, Müller D. 2007. Issues in spatially explicit statistical land-use/cover change (LUCC) models: examples from western Honduras and the Central Highlands of Vietnam.Land use policy, 24(3): 521-530.

Newman P. 1992. The compact city—an Australian perspective.Built Environment, 18: 285-300.

Newman P, Kenworthy J R. 1989. Cities and automobile dependence: an international sourcebook. Gower, England.

Orange County. 2010. Orange County, Florida. http://en.wikipedia.org/wiki/OrangeCountyFlorida [2011-01-03].

Parker D C, Manson S M, Janssen M A, et al. 2003. Multi-agent systems for the simulation of land-use and land-cover change: a review. Annals of the Association of American Geographers, 93(2): 24.

Pfaffenbichler P C, Shepherd S P. 2002. A dynamic model to appraise strategic land-use and transport policies. European Journal of Transport and Infrastructure Research, 2(3/4): 255-283.

Pijanowski B C , Brown D G, Shellito B A, et al. 2002. Using neural networks and GIS to forecast land use changes: a Land Transformation Model.Computers, Environment and Urban Systems, 26(6): 553-575.

Quade P B, Douglas. 1998. Land Use Impacts of Transportation A GuidebookIntegration of Land Use Planning with Multimodal Transportation Planning. Kidlington: Pergamon/Elsevier Science.

Rodier C. 2009. Review of International Modeling Literature: Transit, Land Use, and Automobile Pricing Strategies to Reduce Vehicle Miles Traveled and Greenhouse Gas Emissions.Transportation Research Board Annual Meeting.

Rodier C, Spiller M, Abraham J E, et al. 2011. Potential Economic Consequences of Local Nonconformity to Regional Land Use and Transportation Plans Using a Spatial Economic Mode. http://transweb.sjsu.edu/ project/2902.html [2011-01-03].

Santé I, García A M, Miranda D, et al. 2010. Cellular automata models for the simulation of real-world urban processes: a review and analysis.Landscape and Urban Planning, 96(2): 108-122.

Schultz G W, Allen W G. 1996. Improved Modeling of Non-Home-Based Trips. Transportation Research Record: Journal of the Transportation Research Board, (1556): 22-26.

Shaw S L, Xin X. 2003. Integrated land use and transportation interaction: a temporal GIS exploratory data analysis approach.Journal of Transport Geography, 11(2): 103-115.

Sheffi Y.1985.Urban transportation networks: equilibrium analysis with mathematical programming methods. Englewood Cliffs, Prentice-Hall.

Shieh Y N. 2003. An early use of bid rent functions.Urban Studies, 40(4): 791-795.

Song C S. 2013. Effects of Spatial Structure on Air Quality Level. U.S. Metropolitan Areas, Cleveland State University.

Sudhira H S.2004.Integration of Agent-based and Cellular Automata Models for Simulating Urban Sprawl. http://www.itc.nl/library/Papers2004/msc/gfm/sudhira.pdf [2011-01-03].

Torrens P M.2001.Can geocomputation save urban simulation. Throw some agents into the mixture, simmer and wait. University College.

Torrens P M.2002. New advances in urban simulation: Cellular automata and multi-agent systems as planning support tools. In: Geertman S S J. Planning Support Systems in Practice. London: Springer-Verlag.

Trucco P, Cagno E, De Ambroggi M. 2012. Dynamic functional modelling of vulnerability and interoperability of Critical Infrastructures. Reliability Engineering & System Safety, 105: 51-63.

Tsa Y H. 2003. Quantifying Urban Form: Compactness versus 'Sprawl'. Urban Studies, 42(1): 141-161.

USGS. 2009. U.S. Geological Survey. http://seamless.usgs.gov/website/seamless/viewer.htm/ [2016-01-01].

Verburg P H, Veldkamp T, Bouma J. 1999. Land use change under conditions of high population pressure: the case of Java. Global Environmental Change, 9(4): 303-312.

Wachs M. 2010. Transportation Policy, Poverty and sustainability: histary and future. Washington D C: Transportation Research Board 89th Annual Meeting.

Waddell P. 2002a. UrbanSim - Modeling urban development for land use, transportation, and environmental planning.Journal of the American Planning Association, 68(3): 297-314.

Waddell P, Nourzad F. 2002. urbansim: modeling urban development for land use, transportation and environmental planning. Journal of the American Planning Association, 68(3): 297-314.

Waddell P, Ulfarsson G F. 2004. Introduction to Urban Simulation: Design and development of operational models. Handbook of Transport Geography and Spatial Systems, 203-236.

Waddell P, Borning A, Noth M, et al. 2003. Microsimulation of urban development and location choices: design and implementation of urbanSim. Networks and Spatial Economics, 3(1): 43-67.

Wallace C E, Courage K G, Hadi M A, et al. 1998. TRANSYT-7F User's Guide. University of Florida, Gainesville.

Wang F. 1994. The use of artificial neural networks in a geographical information system for agricultural land-suitability assessment.Environment and Planning A, 26(2): 265-284.

Wang Z, Wu Y, Zhou Y, et al. 2013. Real-world emissions of gasoline passenger cars in Macao and their correlation with driving conditions.International Journal of Environmental Science and Technology, 11(4): 1135-1146.

Webber M M.1976.The BART experience: What Have We Learned. The Public internet: 79-108.

Webster F V, Bly P H, Paulley N J. 1994. Urban land-use and transport interaction, Avebury.

Wheaton W C. 1977. Bid rent approach to housing demand. Journal of Urban Economics, 4(2): 200-217.

White R, Engelen G. 1993. Cellular automata and fractal urban form: a cellular modelling approach to the evolution of urban land-use patterns. Environment and Planning A, 25: 1175-1175.

White R, Engelen G, Uljee I, et al. 2000. Developing an urban land use simulator for european cities. In: Fullerton K. Proceedings of the 5th EC GIS Workshop: GIS of Tomorrow, European Commission Joint Research Centre.

Willianm Mann. 1995. Land use/transportation integrated model-LUTRIM. Washington D C: Transportation Research Board Meeting.

Wu F. 1998. An experiment on the generic polycentricity of urban growth in a cellular automatic city. Environment and Planning B: Planning and Design, 25(5): 22.

Wu F. 2002. Calibration of stochastic cellular automata: the application to rural-urban land conversions. International Journal of Geographical Information Science, 16(8): 795-818.

Yang Q, Li X, Shi X. 2008. Cellular automata for simulating land use changes based on support vector machines. Computers & Geosciences, 34(6): 592-602.

Yin Y S, Lawphongpanich. 2006. Internalizing emission externality on road networks.Transportation Research Part D: Transport and Environment, 11(4): 292-301.

Zahabi S A H, Miranda-Moreno L, Patterson Z, et al. 2012. Transportation greenhouse gas emissions and its relationship with urban form, transit accessibility and emerging green technologies: a montreal case study. Procedia - Social and Behavioral Sciences, 54(0): 966-978.

Zhang W Q, Afshar S, Monro T M. 2009. A genetic algorithm based approach to fiber design for high coherence and large bandwidth supercontinuum generation.Optics Express, 17(21): 19311-19327.

Zhao F, Chung S. 2006. A Study of Alternative Land Use Forecasting Models. Florida.

Zhao L, Peng Z R. 2010. Integrated bilevel model to explore interaction between land use allocation and transportation. Transportation Research Record, 2176: 14-25.

Zhao L, Peng Z R. 2012. LandSys: an agent-based Cellular Automata model of land use change developed for transportation analysis.Journal of Transport Geography, 25: 35-49.

Zhou B, Kockelman K M. 2010. Applications of integrated transport and gravity-based land use models for policy analysis. Transportation Research Record.